U0291010

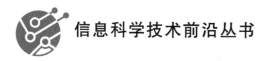

信息科学技术前沿丛书

多属性语义分析与信息挖掘

李雅文　著

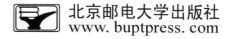

北京邮电大学出版社
www.buptpress.com

内 容 简 介

共享出行作为一种智能化出行策略,充分利用人工智能、大数据等理论与技术,通过智能化、精准化匹配出行资源的供需,极大优化出行体验。本书聚焦面向共享出行的情感分析与舆情挖掘关键理论与技术,从共享出行评价的语义表示学习、情感分析、舆情挖掘3个方面进行了深入研究。利用自注意力机制构建情感分析模型,实现情感细粒度划分;结合时空特征,预测出行效益影响;通过对抗学习模型分析舆情传播,预测其影响力和发展趋势;建立舆情影响范围评估和实时预警机制,为智能预警提供有力支撑。

本书可供计算机科学、人工智能、大数据等领域的专家、学者及技术人员阅读和参考,对于相关专业的研究生和高年级本科生也是一本有价值的参考书。

图书在版编目(CIP)数据

多属性语义分析与信息挖掘 / 李雅文著 . -- 北京：
北京邮电大学出版社,2024. -- ISBN 978-7-5635-7292
-2

Ⅰ. TP391

中国国家版本馆 CIP 数据核字第 2024P1K450 号

策划编辑：姚顺　刘纳新　**责任编辑**：姚顺　谢亚茹　**责任校对**：张会良　**封面设计**：七星博纳

出版发行：北京邮电大学出版社

社　　址：北京市海淀区西土城路 10 号

邮政编码：100876

发 行 部：电话：010-62282185　传真：010-62283578

E-mail：publish@bupt.edu.cn

经　　销：各地新华书店

印　　刷：保定市中画美凯印刷有限公司

开　　本：720 mm×1 000 mm　1/16

印　　张：9.25

字　　数：161 千字

版　　次：2024 年 8 月第 1 版

印　　次：2024 年 8 月第 1 次印刷

ISBN 978-7-5635-7292-2　　　　　　　　　　　　　　　　定　价：49.00 元

前　　言

　　共享出行是共享经济最具代表性的分支之一,也是移动互联网时代下的现代化出行方式。作为一种创新型出行策略,共享出行充分利用了移动互联网的特点,最大限度匹配出行资源的供需,优化乘客的出行体验。共享出行领域涉及亿万用户的出行,这对激活消费市场、带动扩大就业具有重要作用。共享出行已成为我国经济社会中不可或缺的组成部分,准确分析和识别共享出行评论的语义信息和情感能为管理者、企业以及乘客提供各类决策和出行依据。建立一套完整的、适合中文语义环境的共享出行评价语义和情感分析系统,对共享出行的智能结构化、标准化意义重大,对提升共享出行服务质量也具有重要的现实意义。

　　本书面向共享出行评价内容分析的需求,遵循理论梳理与分析、技术方案创新设计、系统实现与展示的技术路线,从共享出行评价的语义消歧与嵌入表示、共享出行评价的情感分析、共享出行评价的多属性情感分析、共享出行评价的舆情分析、共享出行评价的舆情传播分析、共享出行评价的主题热度分析、共享出行评价的舆情影响范围评估与预警等方面开展研究。

　　本书结合共享出行评价内容产生的时间与位置信息,挖掘不同内容之间的时空关联属性,构建包括时空信息在内的多属性联合评价内容语义分析模型。采集共享出行平台评价内容,挖掘共享出行固有的时间和空间属性,构建语义特征提取和语义表示方法,去除冗余信息,提取关键特征,实现语义消歧、语义嵌入。结合时空特性进行评价语义的情感倾向分析;构建语义关联网络,对评价内容的情感倾向进行评价,评估相关评价内容在相应共享出行中的关联性与影响性。

　　在共享出行评价内容的舆情分析方面,本书基于共享出行评价内容进行语义分析建模,提取相关评价内容的舆情倾向,结合共享出行内在关联性和评价内容语义相关性,对相关评价内容的传播力度与舆情进行分析评估。通过对评价内容进行情感倾向评价,评估相关舆情导向对平台上供需双方的影响。建立评价内容网络与共享出行网络的对应关系。构建共享出行评价内容的舆情影响分析模型,对实时出现的服务评价进行评价。

第1章对 GMM、Word2vec、k-means 聚类、TextRank、文本相似度、卷积神经网络、text-CNN、LDA、注意力机制、长短期记忆网络、TF-IDF、图神经网络、TCN等关键技术进行了研究,总结了各种技术的优缺点,为后面各章节描述的研究工作打下基础。

第2章对基于语义消歧的共享出行评价文本语义进行嵌入表示。对共享出行评价文本进行分词、词性标注的预处理,自动识别共享出行评价文本中的多义词并将其转化成能够被系统处理的数据格式。使用改进后的 SememeWSD 模型对共享出行评价文本中的多义词进行语义消歧并标记词义。基于语义消歧结果和同义词集进行语义嵌入表示,获得面向共享出行评价内容的语义词向量。

第3章采用 GCAE 深度学习模型,通过构建情感词典、句法分析等方法实现对共享出行评价内容的情感分析,利用 Django、Ajax 等技术实现数据前后端的传递。在前端输入评价内容,在系统界面展示分析结果(包括细粒度情感得分和积极/消极情感占比),实现对共享出行评价文本的情感细粒度划分和情感倾向分析。

第4章介绍的语义网络用于提取乘客评价文本中包含的语义信息,时空网络用于提取乘客评价文本中的时间和空间信息,细粒度网络则用于进行画像分析,得到细粒度特征。采用特征融合的方式将学习到的高维特征空间的特征表达转化为同一内容情感偏向特征空间,从而预测出乘客对某次服务的情感得分,完成共享出行中乘客的情感偏向分析预测,得到模型对乘客情感倾向度的得分。通过融入共享出行时空属性特征,构建了将共享出行时空性质与自然语言语义信息相结合的复杂维度内容情感偏向特征空间,从而形成共享出行评价内容情感偏向分析预测模型。

第5章围绕出行评价的文本内容搭建文本情感分析网络,在文本分析网络中引入时间、行程轨迹等方面的维度构建出行评价内容的舆情共现模型。针对舆情分析需求,使用搭建的出行评价内容的舆情共现模型在数据集上进行预测,实现个性化信息输入情感分析以及评价在时空属性下的关联程度分析。

第6章提出基于对抗训练和全词覆盖 BERT 的舆情传播力度文本情感分析模型。对模型进行对比实验和消融实验,加入对抗学习来增强语言模型的表达能力。该模型在评价文本情感分析任务上能取得更高的分类准确率和更小的损失值。

　　第7章研究共享出行评价内容的舆情导向主题热度分析。在构建评价特征词共现网络的基础上提取评价主题,并利用同一时空属性和同一主题的评价内容对舆情的影响级别进行量化。

　　第8章研究共享出行评价内容的舆情影响范围评估与预警。在观测的时空范围内进行基于时空属性与评价内容的社区发现、基于情感预测与影响范围的实时预警,实现舆情影响范围的评估与预警。

目　　录

第 1 章

相 关 技 术

1.1　GMM

高斯混合模型[1]（Gaussian Mixture Model，GMM），使用了高斯分布（Gaussian distribution）作为参数模型，并使用了期望最大化（Expectation Maximization，EM）方法进行训练。高斯分布也被称为正态分布（normal distribution），是一种最为常见的分布形式。高斯分布的概率密度函数如下：

$$f(x \mid \mu, \sigma^2) = \frac{1}{\sqrt{2\sigma^2 \pi}} e^{-\frac{(x-\mu)^2}{2\sigma^2}}$$ (1-1)

其中，参数 μ 表示均值，参数 σ 表示标准差，均值对应正态分布的中间位置，标准差衡量了数据与均值的偏离程度。概率密度函数能在已知参数的情况下，根据输入变量 x，获得其概率密度。

高斯混合模型是对高斯模型的扩展，GMM 使用多个高斯分布的组合来刻画数据分布。

$$p(x) = \sum_{i=1}^{K} \phi_i \frac{1}{\sqrt{2\sigma_i^2 \pi}} e^{-\frac{(x-\mu_i)^2}{2\sigma_i^2}}$$ (1-2)

在 GMM 中，分布概率是 K 个高斯分布的和，每个高斯分布有属于自己的 μ 和 σ 参数以及对应的权重参数；其中，权重值必须为正数，所有权重的和等于 1，以确保公式给出的数值是合理的概率密度值。GMM 假设所有的数据样本都是由某

一个给定参数的 K 元高斯分布生成的,该模型由 K 个不同的多元高斯分布共同组成,每一个分布被称为高斯混合模型中的一个部分。利用 GMM 进行聚类的过程就是利用 GMM 生成数据样本的逆过程:给定聚类簇数 K,通过给定的数据集,以某一种参数估计的方法,推导出每一个混合成分的参数,每一个多元高斯分布成分即对应于聚类后的一个簇。

采用期望最大化方法求解,具体过程如下:

① 根据给定的 K 值,初始化 K 个多元高斯分布以及其权重;

② 根据贝叶斯定理,估计每个样本由每个成分生成的后验概率(EM 方法中的 E 步);

③ 根据均值、协方差的定义以及求出的后验概率,更新均值向量、协方差矩阵和权重(EM 方法的 M 步);

④ 重复②③两步,直到似然函数增加值小于收敛阈值,或达到最大迭代次数。

在参数估计过程完成后,对于每一个样本点,根据贝叶斯定理计算出其属于每一个簇的后验概率,将样本划分到后验概率最大的簇上。相对于 k-means 聚类等给出样本点的簇划分的聚类方法,GMM 这种给出样本点属于每个簇的概率的聚类方法被称为软聚类。

1.2　Word2vec

Word2vec 是一种预测性文字嵌入,它根据目标文字的上下文将文字转换为数字矢量,使用周围的单词表示目标单词,生成单词外的向量,使用神经网络的隐藏层对文字表示进行编码。

Word2vec 根据给定的语料库,通过优化后的训练模型快速有效地将一个词语表达成向量形式。Word2vec 依赖 skip-gram 或连续词袋 CBOW[2] 建立神经词嵌入。其中,词袋(Bag-of-Words,BOW)模型是在自然语言处理和信息检索(IR)中简化了的表达模型,这种表现方式不考虑文法以及词的顺序,而 CBOW 是一个三层神经网络,向其中输入已知上下文即可输出对当前单词的预测;skip-gram 模型[3] 是一个非常实用的模型,skip-gram 就是跳过某些符号,如果允许跳过 2 个词,则用 2-skip-gram 表示,skip-gram 逆转了 CBOW 的因果关系,即已知当前词语,预测上下文。Word2vec 是用来产生词向量的相关模型,该模型为双层的神经网络,用来训练以重新构建文本。在 Word2vec 中词袋模型的假设下,词的顺序是不重要的。Word2vec 可将每个词映射到一个向量,表示词与词之间的关系。使用 Word2vec 生成的词向量具有良好的语义特性。

1.3　*k*-means 聚类

聚类是一个给数据集里在某些方面相似的数据成员分类的过程,作为一种发现内在结构的技术,聚类也被称为无监督学习。*k*-means 聚类是一种聚类算法。给定一个数据点集合和需要的聚类数目 k(k 由用户指定),*k*-means 聚类根据某个距离函数反复把数据分入 k 个聚类中。*k*-means 聚类基于划分方法进行聚类,先初始化 k 个簇类中心,基于计算样本与中心点之间的距离归纳各簇类下的所属样本,迭代实现样本与其归属的簇类中心之间的距离最小的目标。该算法步骤如下:

① 随机选择 k 个样本作为初始簇类中心(k 为超参,代表簇类的个数,可以凭先验知识、验证法确定取值);

② 针对数据集中的每个样本,计算它到 k 个簇类中心的距离,并将其归属到与之距离最小的簇类中心对应的类中;

③ 针对每个簇类,重新计算它的簇类中心位置;

④ 重复②③两步操作,直到达到某个终止条件(如迭代次数、簇类中心位置不变等)。

k-means 聚类基于距离相似度确定各样本所属的最近中心点,其常用的距离度量有曼哈顿距离和欧氏距离。

1.4　TextRank

PageRank 对于每个网页都给出一个正实数,以表示网页的重要程度:PageRank 值越高,网页越重要,在互联网搜索的排序中越可能被排在前面。在文本自动摘要中,TextRank 和 PageRank 的相似之处在于二者都用句子代替网页,任意两个句子的相似性得分等价于网页转换概率,其中相似性得分存储在一个方形矩阵中,类似于 PageRank 的矩阵 M。TextRank 利用一篇文档内部的词语间的共现信息(语义)便可以抽取关键词,能够从一个给定的文本中抽取出该文本的关键词、关键词组,并使用抽取式的自动文摘方法抽取出该文本的关键句。TextRank[4-9] 的基本思想是将文档看作一个词的网络,该网络中的链接表示词与词之间的语义关系。TextRank 主要包括:关键词抽取、关键短语抽取、关键句抽取。

关键词抽取结束后可以得到 N 个关键词,在原始文本中相邻的关键词构成关键短语。调用 get_keywords 抽取关键词,分析关键词是否存在相邻的情况,确定哪些是关键短语。关键句抽取任务主要针对自动摘要场景,将每一个句子作为一个顶点,根据两个句子之间的内容重复程度来计算它们之间的相似度,以这个相似度作为联系,由于不同句子之间的相似度大小不一致,因此在这个场景下构建以相似度大小为 edge 权重的有权图。

1.5　文市相似度

文本相似度的度量在文本挖掘、网页检索、对话系统和情感分析等领域发挥着重要作用。文本相似度通过测量相似词在文本中的出现情况来帮助识别冗余数据。通常通过嵌入句子来计算句子之间的相似度。句子相似度用于文本分类和文本摘要。词嵌入是文档词汇最常用的表示形式之一。转换是以这样一种方式进行的:对文档词汇进行分析,捕捉文档中单词的上下文、语义和句法相似性、与其他单词的关系等。文本相似度的度量在互联网中被广泛应用,如:文本相似度可以用于新闻分类与聚类,对新闻文本进行分类时,通过计算文本之间的相似度,将相似的文本划分成同一个类别;文本相似度还可以应用于文档检索、多语言文档匹配、情感分析等领域中。

GloVe 是一种基于计数的模型,它从向量或单词的共现信息(在大型文本语料库中出现的频率)中学习向量或单词,是一种基于单词共现概率的高速词嵌入技术。估计两句子间的语义相似度就是求句子中所有单词词嵌入的平均值,从而计算两句子词嵌入之间的余弦相似度。词移距离(WMD)使用两文本间的词嵌入,测量其中一文本中的单词从语义空间中移动到另一文本的最短距离,从句子的局部共现中学习单词语义的有意义表示。WMD 利用了 Word2vec 和 GloVe 等高级嵌入技术,可以生成质量前所未有的文字嵌入,并可以自然扩展到超大数据集,而语义关系通常保存在词向量的向量运算中。

DSSM 全称 Deep Structured Semantic Model,即基于深度网络的语义模型[10-13],它将 Query 和 Doc 映射到共同维度的语义空间中,通过最大化 Query 和 Doc 语义向量之间的余弦相似度,训练得到隐含语义模型。DSSM 通过搜索引擎里 Query 和 Title 的海量点击日志,用 DNN 把 Query 和 Title 表达为低维语义向量,通过余弦距离计算两个语义向量间的距离,最终训练出语义相似度模型。该模型可以用来预测两个句子的语义相似度,还可以获得某句子的低维语义向量表达。DSSM 用字向量作为输入,可以提高模型的泛化能力,这是因为每个汉字表达的语义是可以复用的。

传统的输入层是用 Embedding 的方式(如 Word2vec 的词向量)或者主题模型的方式(如 1.8 节的 LDA)直接进行词的映射,再把各个词的向量累加或者拼接起来,但由于 Word2vec 和 LDA 都是无监督的训练,因此这样会给整个模型引入误差。DSSM 采用统一的有监督训练,不需要在中间过程做无监督模型的映射,因此精准度较高。DSSM 解决了 LSA、LDA、Autoencoder 等方法存在的字典爆炸问题(导致计算复杂度非常高)[①]。但 DSSM 基于词的特征表示比较难处理新词,而字母的 n-gram 可以有效表示新词,且其鲁棒性较强。

1.6　卷积神经网络

卷积神经网络(Convolutional Neural Network,CNN)本质上是一种前向反馈式神经网络,它通过卷积核的形式对输入的数据进行分块统一计算,这种方式对于图片等矩阵式数据的处理有很大的优势。随着人们对卷积神经网络研究的深入,卷积神经网络在图像处理之外,被更多地应用于自然语言处理、视频分析、实体识

---

① 字典爆炸问题产生的原因:在英文单词中,词的数量可能是没有限制的,但是字母 n-gram 的数量通常是有限的。

别以及语音识别等领域。与普通神经网络相比,卷积神经网络使用卷积层与池化层替代了原本单一的神经元来实现特征提取的工作。在卷积神经网络的卷积层中,通过设置卷积核将邻近的几个神经元相连。卷积核的层数很多,每个卷积层都会得到若干个特征平面,每个特征平面都由一系列按照矩阵排布的神经元组成,这些特征平面中的神经元按照每一层共享权重。

卷积核的初始化一般使用随机小数矩阵或者正态分布函数的方法,在训练过程中迭代更新卷积核的权值。其中,池化(Pooling)层用来对卷积层输出的结果进行采样压缩,常见的池化方法有均值池化(Mean-Pooling)、最大值池化(Max-Pooling)、最小值池化(Min-Pooling)几种形式。池化过程可以看作一种特殊的卷积操作。引入卷积、池化以及权重共享可以减少模型中参数的数量,解决因神经元之间过多的全连接导致的过于复杂的网络结构。诸如 Caffe、Pytorch 等机器学习框架,可以有效地发挥、利用 GPU 中流处理器的并行计算能力,由于卷积神经网络中有大量的卷积层计算,因此通过 GPU 流处理器进行并行计算可以提高卷积神经网络的训练效率与最终训练结果的准确率。

1.7　text-CNN

句子中每个词是由 n 维词向量组成的,输入矩阵大小为 $m \times n$,其中 m 为句子长度。使用 CNN 对输入样本进行卷积操作,对于文本数据,filter 不再横向滑动,仅仅向下移动,类似于 n-gram[14,15] 中提取词与词间的局部相关性。共有 3 种步长策略,分别是步长等于 2、步长等于 3、步长等于 4,每个步长都有两个 filter(实际训练时 filter 的数量会很多)。在不同词窗上应用不同 filter,最终得到 6 个卷积后的向量。对每一个向量进行最大化池化操作并拼接各个池化值,最终得到这个句子的特征表示。将这个句子向量输入分类器进行分类,通过一个隐藏层,将通过one-hot编码的词投影到一个低维空间中,在指定维度下编码语义特征。

语义相近的词的欧氏距离或余弦距离也比较近[16]。在处理图像数据时,CNN使用的卷积核的宽度和高度是一样的,但在 text-CNN 中,卷积核的宽度与词向量的维度一致,这是因为输入的每一个行向量代表一个词,在抽取特征的过程中,将词作为文本的最小粒度;卷积核的高度和 CNN 一样,可以自行设置(通常取 2,3,4,5)。由于 text-CNN 的输入是一个句子,句子中相邻的词之间关联性很高,因此当用卷积核进行卷积时,不仅需要考虑词义而且需要考虑词序及其上下文(类似于 skip-gram 和 CBOW 模型)。

text-CNN 在卷积层中使用了不同高度的卷积核,使得通过卷积层得到的向量的维度不一致。text-CNN 在池化层中,使用 1-Max-Pooling 将每个特征向量池化成一个值,即抽取每个特征向量的最大值表示该特征,这个最大值表示的是最重要的特征;在对所有特征向量进行 1-Max-Pooling 后,还需要将每个值拼接起来,得到池化层最终的特征向量;在池化层到全连接层之前加上 dropout 以防止过拟合。text-CNN 设有两个全连接层,第一层使用 ReLU 作为激活函数,第二层则使用 Softmax 作为激活函数,得到属于每个类的概率。text-CNN 的最大优势是网络结构简单,引入已经训练好的词向量会产生不错的效果,并已在多项数据集上超越 benchmark。

1.8 LDA

隐狄利克雷分布(Latent Dirichlet Allocation,LDA)[17] 是一种主题模型(topic model),它将文档集中每篇文档的主题按照概率分布的形式给出。LDA 是一种典型的词袋模型,认为:一篇文档是由一组词构成的一个集合,词与词之间没有顺序以及先后关系;一篇文档可以包含多个主题,文档中每一个词都由其中的一个主题生成。LDA 是一类无监督学习算法,在训练时不需要手工标注的训练集,需要的仅仅是文档集以及指定主题的数量 k。LDA 用于推测文档的主题分布,可将文档集中每篇文档的主题以概率分布的形式给出,并根据主题进行主题聚类或文本分类。LDA 不关心文档中单词的顺序,通常使用词袋特征(Bag-of-Words Feature)来代表文档。LDA 中的主题可以由一个词汇分布来表示,而文章可以由主题分布来表示,因此生成一篇文章可以先以一定的概率选取上述某个主题,再以一定的概率选取主题下的某个单词,不断重复这两步就可以生成最终的文章。

潜在语义索引(Latent Semantic Index,LSI)、隐狄利克雷分布研究基于词频的权重、归一化术语和基于语料库的统计等,将相似的单词分组到主题中,表示文档在这些主题上的分布,能产生比词袋模型更连贯的文档表示。

1.9　注意力机制

注意力机制(attention mechanism)被广泛地应用于机器学习尤其是深度学习的各种工作中。在诸如图像处理、语音识别或者自然语言处理这些不同类型的深度学习的工作中,都会频繁地使用注意力模型。从注意力模型的名称上,可以很明显地看出它的出现是为了模拟人们生理上的注意力能力。视觉注意力机制是一种人类与生俱来的用于大脑处理图像信息的机制。人们并不会关注看到的每个事物,而是根据生活经验或者自身目的关注眼前图像中的重点区域,也就是所谓的关注焦点,然后在后续的观察中对关注的焦点进行更加细致地观察,增加获取到的目标的细节信息,同时过滤掉其他事物带来的干扰与影响。

注意力机制在机器学习中被用于在输入序列中对重要部分进行加权,通常可以帮助模型更好地处理长序列数据,在处理变长输入时也表现良好。在深度学习中,注意力机制主要是通过学习一个权重向量来实现的,这个权重向量可以告诉模型在处理输入时应该关注哪些部分。Scaled Dot-Product Attention 是最常用的一种注意力机制,它将查询向量和键向量进行点积,然后除以一个缩放系数,得到注意力分数,最后将注意力分数与值向量相乘,得到输出向量。Multi-Head Attention 是一种将输入向量分成多个头部并在每个头部上执行注意力操作的注意力机制,它可以使模型在不同层次上对输入进行更好的关注。Self-Attention 将输入序列中的每个元素都视为查询、键和值,这使得模型能够将输入序列中的任何元素与其他元素进行比较,从而更好地捕捉输入序列中的关系。注意力机制已经成为一种重要的技术,可以帮助深度学习模型更好地理解和处理复杂的输入数据。

目前,大多数注意力模型都基于编码器-解码器框架,在图像描述生成的工作中也经常采用编码器-解码器框架进行训练。编码器-解码器框架可被视作机器学习领域的一种通用框架,其中并不包含注意力模型,在文本生成过程中,对所有词语的生成都是一视同仁的,且其所使用的语义编码并不会随着文本的不同而产生变化,即编码器中每一个输入对于解码器输出的影响力没有区别。但在引入注意力模型后,解码器输出的文本中每个词语都可以向其对应的编码器的输入词语分配注意力权重信息,也就是说在生成每个单词时,都会有一个单独的语义编码器根据当前的生成结果不断修改注意力概率。

1.10 长短期记忆网络

传统神经网络进行网络训练时,网络中每一层的输出只与该层的输入有关。然而在自然语言处理任务中,生成的目标文本中每个单词的预测不仅与输入有关,也与单词在文本中的位置有关,因此为了完成自然语言处理这种需要记录上下文与位置信息的任务,研究者们对传统神经网络的结构进行了改进与优化,最终形成了循环神经网络(Recurrent Neural Networks,RNN)。循环神经网络原则上可以处理各种长度的输入文本,因此其对无法规定长度的文本数据有良好的支持,因此可以很好地完成机器翻译、图像描述生成等工作。循环神经网络中最大的改进在于引入了记忆力机制,即在每一次计算中,参与计算的除了输入数据,还会让之前循环得到的结果作为一种记忆数据参与计算,共同得到当前循环的输出。但是由于没有对记忆数据在网络中进行动态处理,因此这引发了循环神经网络的长期依赖问题。

长期依赖问题本质上是循环神经网络经过多次循环之后,会对早期的记忆变得不够敏感。实际上,当前循环网络能够获取到的记忆只能是最近 10 次循环中的结果,超过这个限制,循环神经网络就会出现忘记的现象。为了解决长期依赖问题,人们设计了长短期记忆(Long Short-Term Memory,LSTM)网络。LSTM 网络由于引入了记忆单元,并通过记忆单元中的控制门机制实现了对记忆的保留与删除。由于传统循环神经网络的记忆长度是有限的,而 LSTM 网络中的记忆单元引入的忘记门可以判断是否丢弃上一时刻储存的信息,因此后者可以节省记忆空间。在实际应用过程中,LSTM 网络可以处理更长的文本内容,实际效果也优于循环神经网络。

1.11　TF-IDF

在自然语言处理领域,往往面对的是海量的文本文件,尤其在社交媒体中,对于话题的讨论会产生成千上万的文本内容,要从这些文本内容中提炼出舆情的倾向,继而完成对舆情话题的画像,最重要的工作就是准确地将可以完整描述话题内容的词语从大量的文章语句中提取出来。任何一个有意义的文档都会存在至少一个主题,而每个主题都可以通过几个关键词准确地概括出来。关键词能否被准确地提取直接关系到话题画像的准确率。词频-逆文档频率(Term Frequency-Inverse Document Frequency,TF-IDF)是一种基于数值统计的关键词提取方法,计算得到的值越大代表这个词在文档中的重要程度越高。在信息检索和文本挖掘领域,TF-IDF 的结果常常用作词语的权重。

1.12　图神经网络

虽然深度学习在传统的欧氏空间数据,如文本、图像、语音的各类任务上已经取得了显著的进展,但由于许多实际应用场景中的数据是从非欧氏空间中生成的,因此传统的深度学习方法在处理非欧氏空间数据上的表现仍难以使人满意。例如,在推荐系统中,基于图的学习系统可以利用用户和产品之间的交互做出非常准确的推荐,但是图的复杂性使得现有的深度学习算法在处理上面临巨大的挑战,这是因为与传统的图像等数据相比,图数据结构并非一个个像素点整齐排列,各个节点以及边都是不规则的,使得原本在图像领域广泛应用的卷积等运算,无法直接应用于图数据。现有深度学习算法的一个核心假设是数据样本相互独立,然而图中的情况并非如此。图中的每个数据样本(节点)都具有与图中其他真实数据样本(节点)相关的边,并且此信息可用于捕获实例之间的相互依赖关系。近年来,对图的处理逐渐成为研究的热点,大量的图神经网络被提出。图神经网络主要的算法思想与传统的卷积运算类似,即学习一个映射函数,该函数通过将当前节点与周围节点进行聚合,得到一个新的节点表示。图神经网络算法可以分为两大类:基于谱

(Spectral-based)的方法和基于空间(Spatial-based)的方法。基于谱的方法从图信号处理的角度引入滤波器来定义图卷积,其中图卷积操作被解释为从图信号中去除噪声。基于空间的方法将图卷积表示为从邻域聚合特征信息。

1.13　TCN

RNN(循环卷积神经网络)在序列问题上获得了巨大的成功,相关改进网络模型,例如 LSTM、GRU 等,在序列相关任务上获得了广泛的应用。与传统的卷积神经网络相比,RNN 系列的网络能够捕获远距离的依赖,而卷积网络受到卷积核大小的限制,难以应对长序列问题。但是由于 RNN 网络的计算复杂度高于卷积网络,并且 RNN 网络前后存在依赖关系,无法并行计算,因此人们逐渐将卷积网络扩展,时间卷积网络(TCN)就是其中一种运用较为广泛的网络。时间卷积网络通过因果卷积、膨胀卷积、残差结构的组合,使得卷积网络能够通过叠加网络的深度,指数级地增加卷积网络的感受野。由于模型的输入长度和输出长度相同,因此卷积的过程必须遵循因果关系,即未来的特征不能被过去感知。

TCN 使用一维全卷积网络(FCN)体系结构,其中每个隐藏层与输入层具有相同的长度,并添加零长度填充(内核大小－1),以保持后续层与之前的层具有相同的长度。为了实现第二点,TCN 使用了因果卷积,即时间 t 的输出只与时间 t 和前一层中更早的元素进行卷积。单独将全卷积网络构成的因果卷积应用在序列问题上,网络的感受野只与网络深度或卷积核大小线性相关,但在处理长序列问题时,就需要足够深的网络或更大的卷积核,涉及的计算量是无法接受的。TCN 的每层网络之间并不是采用全连接的方式,而是根据一个指数增加的膨胀因子进行卷积运算,如由两层因果卷积构成的膨胀卷积网络,当卷积核大小为 3、膨胀因子为 2时,网络的感受野达到 9,这样的结构使得整个模型的感受野与网络的深度指数相关。

本 章 小 结

本章对 GMM、Word2vec、k-means 聚类、TextRank、文本相似度、卷积神经网

络、text-CNN、LDA、注意力机制、长短期记忆网络、TF-IDF、图神经网络、TCN 等关键技术进行了研究,总结了各种技术的优缺点,为后续各章描述的研究工作打下基础。

本章参考文献

[1] BAI Y Z,CHEN R,ZHAO Y. Gaussian Mixture Model Based Adaptive Control for Uncertain Nonlinear Systems with Complex State Constraints [J]. Chinese Journal of Aeronautics,2022,35(5):361-373.

[2] 王辉,潘俊辉,王浩畅,等. 基于改进的 CBOW 与 BI-LSTM-ATT 的文本分类研究[J]. 计算机与数字工程,2021,49(7):1372-1376.

[3] 夏家莉,曹中华,彭文忠,等. skip-gram 结构和词嵌入特性的文本主题建模[J]. 小型微型计算机系统,2020,41(7):1400-1405.

[4] 陈梦彤,谷晓燕,刘甜甜. 基于改进 TextRank 的关键句提取方法[J]. 郑州大学学报(理学版),2023,55(1):15-20.

[5] 朱大锐,王睿,程文姬,等. 基于改进 PageRank 算法的输电网关键节点辨识方法研究[J]. 电力系统保护与控制,2022,50(5):86-93.

[6] 宛艳萍,张芳,谷佳真. 基于双窗口 TextRank 关键句提取的文本情感分析[J]. 计算机应用与软件,2022,39(4):242-248.

[7] 汪旭祥,韩斌,高瑞,等. 基于改进 TextRank 的文本摘要自动提取[J]. 计算机应用与软件,2021,38(6):155-160.

[8] 庞庆华,董显蔚,周斌,等. 基于情感分析与 TextRank 的负面在线评论关键词抽取[J]. 情报科学,2022,40(5):111-117.

[9] 于腊梅,杨良斌. 融合信息熵的 TextRank 关键词抽取方法[J]. 计算机与数字工程,2022,50(3):516-519.

[10] 张鑫琪. 基于 LSTM-DSSM 的论文查重系统研究与实现[D]. 沈阳:辽宁大学,2021.

[11] 白贺兰,马小黎,李珂璟,等. 基于 DSSM-区位熵模型的西北民族地区产业结构与竞争力分析[J]. 甘肃农业科技,2021,52(10):39-51.

[12] 蔡林杰，刘新，刘龙，等. 基于 Transformer 的改进短文本匹配模型[J]. 计算机系统应用，2021，30(12)：268-272.

[13] CHEN Y H. Convolutional Neural Network for Sentence Classification [D]. Waterloo：University of Waterloo, 2015.

[14] 李志明，孙艳，何宜昊，等. 融合类别特征扩展与 n-gram 子词过滤的 FastText 短文本分类[J]. 小型微型计算机系统，2022，43(8)：1596-1601.

[15] 王婉，张向先，卢恒，等. 融合 FastText 模型和注意力机制的网络新闻文本分类模型[J]. 现代情报，2022，42(3)：40-47.

[16] 张思松，陈文. 基于 LDA 模型和语义网络的线上文本挖掘方法[J]. 安庆师范大学学报(自然科学版)，2022，28(2)：41-45.

[17] BLEI D，NG A，JORDAN M. Latent Dirichlet Allocation[J]. Journal of Machine Learning Research，2003，3：993-1022.

第 2 章
共享出行评价的语义消歧与嵌入表示

2.1 引 言

近年来,移动互联网为共享出行带来了发展机遇。共享出行平台为大规模的司机与乘客群体建立了提供服务和接受服务的供需关系。司机和乘客在这种共享出行模式下的感受与评价形成了直接影响共享出行供需关系的导向。在这样的背景下,面向共享出行评价内容的语义分析工作变得非常重要。本章围绕共享出行评价的分析需求,对共享出行评价内容语义消歧(Word Sense Disambiguation,WSD)模型和共享出行评价内容的语义嵌入表示进行研究,包括采集共享出行平台评价内容、构建语义特征提取和语义表示方法、对评价内容预处理去除冗余信息、提取共享出行评价内容的语义特征实现语义消歧、通过语义嵌入学习实现以自然语言为核心的语义嵌入表示。

语义表示学习可以从特定领域的语义表示到更通用的语义表示。向量空间模型的信息量更大,能够描述特定单词在给定文档中的出现频率,因此其在各种预测方法中都有较好的表现。较长的嵌入更适合于捕捉内部句子结构、词序和上下文,适用于需要深度语言处理的应用程序,如机器翻译和语音识别。Word2vec 向量在大多数监督设置下工作良好。目前,大多数语义表示学习方法是基于有监督学习的方法,也可采用基于无监督语义表示的统计方法进行语义表示。

2.2 多特征语义学习

网络数据独有的特性为语义学习带来了困难,需要融合多种特征对语义进行学习,但不同特征的表现形式不同,因此如何解决短文本的语义稀疏性、如何融合多种特征进行语义学习,仍是难题。现有的方法有短文本语义稀疏性解决方法和多特征融合方法等。一种直接的短文本语义稀疏性解决方法是对具有公共特性的短文本进行聚合,通过选取短文本之间的公共特性,将多个短文本聚合为长文本,典型的聚合方法有以作者信息进行聚合的方法、以话题标签信息进行聚合的方法以及以时间信息进行聚合的方法。此外,短文本之间公共的元素也可以用来对短文本进行聚合。

一种可行的短文本扩充方式为利用外部知识库中单词之间的语义关联关系进行扩充,即使用外部知识库引入与短文本中单词具有关联关系的单词,对短文本进行扩充。但是通过外部知识库引入的知识不具有针对性,所以该方法不适用于在线社交网络短文本。一种短文本扩充方式利用单词间的共现关系构建词网络,依据构建的词网络对每个单词进行扩充,再利用词频对短文本进行扩充。但是仅根据单词的共现关系对短文本进行扩充会引入大量无关词,因此,通过该方法获得的语义表示质量仍有待提高。此外,利用单词和单词之间的语义相似性也可以实现短文本的语义扩充。采用主题模型挖掘文本间的关系也可以克服短文本的语义稀疏性。

现有的直接针对短文本语义学习的方法有双词话题模型(Biterm Topic Model,BTM)、伪文档主题模型(Pseudo-document Topic model,PTM)以及潜在主题模型(Latent Topic Model,LTM)。双词话题模型通过假定双词共享同一主题提取双词特征,提取出的双词特征可以提升语义空间的密度。伪文档话题模型通过在生成过程中自动建立伪文档,提高短文本语义表示质量。潜在主题模型设定短文本由长文档生成,通过该操作更好地挖掘短文本语义及短文本内部之间的关系,从而直接对短文本建模,能在一定程度上克服语义稀疏性,提高语义表示质量。上述方法仅从获取文本的语义角度出发,忽略了时间、位置和用户等多种信息对于文本语义的综合影响。融合多种特征进行语义学习,可以进一步提高语义表示质量。

通过在大型公开数据集上训练模型,学习通用特征或参数,将这些预训练的参数作为特定任务模型训练的初始化,可以显著加速新任务的训练过程并提高其收敛速度。对于层级的 CNN 结构,不同层级的神经元学习到不同类型的图像特征,由底向上形成层级结构,因此对于预训练好的网络参数,越是底层的网络参数抽取出的特征跟具体任务越无关,越具备任务的通用性,这是用底层预训练好的参数初始化新任务网络参数的结果。高层特征跟任务关联较大,采用微调(Fine-tuning)方式,用新数据集合清洗掉与高层无关的特征抽取器。

多义词是自然语言中经常出现的词语,也是语言灵活性和高效性的一种体现。多义词对词嵌入(Word Embedding)来说有负面影响,比如多义词 Bank 有两个常用含义,而词嵌入在对 bank 这个单词进行编码的时候不能区分这两个含义,尽管上下文环境中出现的单词不同,但是在用语言模型训练的时候,无论哪个上下文的句子经过 Word2vec,结果都是预测单词 Bank,而同一个单词占的是同一行的参数空间,这导致两种不同的上下文信息被编码到相同的 Word Embedding 空间里,使 Word Embedding 无法区分多义词的不同语义。Peters 等人[1]提出了 ELMo 模型来根据上下文动态调整词嵌入。

2.3　GPT 和 BERT

GPT 是 Generative Pre-Training 的简称,指的是生成式的预训练。GPT 采用两阶段训练过程:第一阶段利用语言模型进行预训练,第二阶段通过 Fine-tuning 模式解决下游任务。GPT 和 ELMo 是类似的,二者主要不同之处在于:GPT 的特征抽取器采用的不是 RNN,而是 Transformer;GPT 的预训练虽然仍以语言模型作为目标任务,但其采用的是单向的语言模型(单向是指语言模型训练的任务目标是根据单词的上下文正确预测单词,单词序列 Context-before 称为上文,单词序列 Context-after 称为下文)。

BERT[2]的全称是 Bidirectional Encoder Representation from Transformers,采用 Masked LM 和 Next Sentence Prediction 分别捕捉词语和句子级别的表示。BERT 具有广泛的通用性,绝大部分的 NLP 任务都可以采用类似的两阶段模式提

升效果。BERT 采用和 GPT 完全相同的两阶段模型:首先是使用语言模型进行预训练,其次是使用 Fine-tuning 模式解决下游任务。和 GPT 最主要的不同之处在于 BERT 在预训练阶段采用了类似 ELMo 的双向语言模型,即双向的 Transformer,语言模型的数据规模比 GPT 大。

2.4 共享出行评价的语义消歧与嵌入表示过程

利用 SememeWSD 对 OpenHowNet(中英文语义标记知识库,用同义词集注释每个词义)[3]中的同义词集进行词义消歧和词义嵌入,将 OpenHowNet 中的词义消歧和同义词集融入汉语的词义嵌入。SememeWSD-Synonyms(SWSDS)模型消除了多义词的歧义,并用同义词集表示多义词。

共享出行评价的语义消歧与嵌入表示过程如下。

(1)共享出行数据集的预处理:生成共享出行数据集,对共享出行评价文本数据集进行分词和词性标注,建立一个基于 OpenHowNet 的多义词词典来自动识别共享出行评价内容中的多义词,从而进一步将数据集转化为 SememeWSD 能使用的数据格式。

(2)共享出行语义消歧:对共享出行评价内容进行语义消歧,并标记好词义。

(3)共享出行语义嵌入:利用 OpenHowNet 中的同义词集进行基于消歧结果的共享出行评价内容语义嵌入表示,获得共享出行评价内容的语义词向量。

(4)共享出行语义消歧模型分析:使用不同的 BERT 模型评测 SememeWSD 模型在语义消歧任务上的性能。

(5)共享出行语义嵌入模型有效性:计算使用共享出行语义嵌入模型在文本相似度任务上的准确度,验证模型提升词嵌入质量的有效性。

2.4.1 共享出行数据集的预处理

评论文本数据集用于后续的共享出行评价内容语义消歧和语义嵌入前还需要进行的预处理工作。使用 jieba 分词工具进行分词、词性标注。为了自动识别共享出行评价文本中的多义词,建立了如表 2-1 所示的基于 OpenHowNet 的多义词词典。将在 OpenHowNet 中有多个词义的词语放入多义词词典并标注上词性,对标注词性后的共享出行评价文本逐个扫描词语,若多义词词典的关键词中有该词且词性相同,则说明该词是多义词,需要进行语义消歧。

表 2-1 基于 OpenHowNet 的多义词词典

充满	Verb
坚持	Verb
艺术	Noun
⋮	⋮
问题	Noun

识别出多义词后,将原始文本数据转换为共享出行评价内容语义消歧模型可以处理的数据格式,如表 2-2 所示,包括 context〔将多义词标记为 <target> 的上下文分词,便于 SememeWSD 中的 BERT 进行 MLM(Masked Language Model)预测〕、part of speech(对应分词的词性)、target word(待消歧的目标词)、target position(目标词在上下文中的位置)、target word pos(目标词的词性)等字段。

表 2-2 "司机给的苹果很甜"要求的数据格式

context	"司机","给","的","<target>","很甜"
part of speech	noun,p,u,noun,adj
target word	苹果
target position	3
target word pos	noun

2.4.2 共享出行语义消歧

语义消歧是指对有歧义的词确定其准确的词义。词是能够独立运用的最小语言单位,句子中的每个词的含义及其在特定语境下的相互作用构成了整个句子的含义。词义消歧是句子和篇章语义理解的基础,词义消歧有时也称为词义标注,其任务就是确定一个多义词在给定的上下文语境中的具体含义。词义消歧有利于词义嵌入,同义词集可以在一定程度上传达多义词的意义。词义消歧的方法分为有监督的消歧方法和无监督的消歧方法。在有监督的消歧方法中,训练数据是经过标注的,即每个词的词义是被标注了的;而在无监督的消歧方法中,训练数据是未经标注的。目前使用的词向量一般是单原型词向量,即一个单词使用一个固定的向量表示。单原型词向量单词和语义一一对应的建模方式在多数任务中都取得了不错的效果。在实际语言表达中广泛存在着单词和语义多对多的关系。多义词在不同的场景和语境中会表达出不同的语义。与多义词的识别和处理相关的任务有多义词识别、多义词表示、词义归纳、语义消歧等。

有监督的消歧方法利用分类器进行词义消歧,需要进行大规模的人工标注数据,基于知识的方法借助大型外部知识库来查找最可能的词义。Agirre 等人[4]提出了一种面向大型词汇知识库的随机游走算法。Ustalov 等人[5]提出了一个模型,从 WordNet 中对应词义,将同义词的不同词义嵌入原文获得词义嵌入,选择与上下文嵌入相似度最接近的词义。Chen 等人[6]利用 WordNet 中的同义词集进行词义消歧和词义表征学习。Hou 等人[7]基于 BERT 模型提出了一种基于无监督 OpenHowNet 的词义消歧模型,即 SememeWSD,构建了基于 OpenHowNet 的数据集。Huang 等人[8]提出了一种基于神经网络的多原型模型。

在 SememeWSD 中,忽略了语义标记标注的层次结构,将语义标记视为离散的语义标签,如图 2-1 所示。

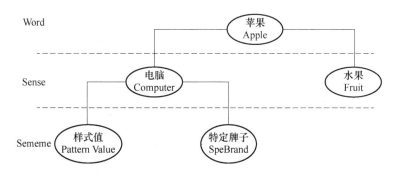

图 2-1　SememeWSD 中的语义标记标注

一个词义的语义标记可以表达其意义,具有相同语义标记的两个词应该具有相似的词义。SememeWSD 是一种基于 OpenHowNet 和大规模预训练模型 BERT 的无监督词义消歧方法,针对目标多义词的每个词义,SememeWSD 找到该词义在 OpenHowNet 中的同义词集,并选取一系列同义词作为替代词,而这些替代词包含与目标语义相同的义原集合中的词语。一个词义的所有替代词的平均 MLM 预测分数用于反映目标词在上下文中取这个词义的概率。SememeWSD 计算每个替代词的 MLM 预测分数,再求平均分数;然后 SememeWSD 选择平均分数最高,也就是在给定上下文中出现概率最大的词义作为该目标多义词的词义。将文本预处理为 SememeWSD 所需的数据形式,使用 SememeWSD 进行词义消歧,并在语境中用该词义在 OpenHowNet 中的 id 对多义词进行标记,得到一个带有注释的句子。

2.4.3　共享出行语义嵌入

语义嵌入的目的是学习单词在其上下文中的向量表示。学习的词向量可以用于自然语言处理任务,如语义相似度计算和情感分析。通过单词嵌入方法学习到的单词向量的质量直接影响这些任务的性能,因此提高词嵌入的性能是自然语言理解的关键问题。词语是语句文章的基本组成单元,判断词义是对句子、文章语义理解的基础。在使用深度学习计算语义特征、情感特征、主题特征以及命名实体、识别等任务时,基本工作就是对词语进行向量化表示。词向量是用来表示词的向量,也可被认为是词的特征向量或表征,把词映射为实数域向量的技术也叫词嵌入。文本表示就是把人类的语言符号转化为机器能够理解并进行计算的数字,因为语言机器是看不懂普通的文本的,所以必须通过转化来表征对应文本。

One-hot 表示法是一种将每个词都用一个二进制数值来表示的方法[9],其步骤如下:①构造文本分词后的字典,每个分词是一个比特值,比特值为 0 或 1,每个分词的文本表示为该分词的比特位为 1、其余位为 0 的矩阵;②随着语料库的增加,数据特征的维度会越来越大,产生一个维度很高又很稀疏的矩阵。分词顺序和在句子中的顺序无关,不能保留词与词之间的关系信息。TF-IDF 是一种用于信息检索与数据挖掘的常用加权技术,其中,TF 是词频(Term Frequency),IDF 是逆文本频率指数(Inverse Document Frequency)。在 TF-IDF 中,字词的重要性随着它在文件中出现的次数成正比地增加,但同时会随着它在语料库中出现的次数成反比地下降。一个词语在一篇文章中出现的次数越多,同时在所有文档中出现的次数越少,越能够代表该文章。但是,TF-IDF 并没有把词与词之间的关系顺序表达出来。

Bengio 等人[10]提出了词嵌入的概念。Mikolov 等人[11]提出了 Word2vec 模型,它是目前最常用的词嵌入模型之一。Word2vec 实际是一种浅层的神经网络模型,它有两种网络结构,分别是 CBOW 和 skip-gram。Pennington 等人[12] 提出了 GloVe,它是一个基于全局词频统计(count-based and overall statistics)的词表征 (word representation)工具,可以把一个单词表达成一个由实数组成的向量,这些 向量能够捕捉到单词之间一些语义特性,比如相似性(similarity)、类比性 (analogy)等,通过对向量的运算,比如欧几里得距离或者余弦相似度,可以计算出 两个单词之间的语义相似性。

如图 2-2 所示,OpenHowNet 中的同义词集包含一些同义词,这些同义词使用 与目标词相同的语义标记进行注释。目标词的同义词集能够表示其意义,因此常 使用 OpenHowNet 的同义词集的词向量来获得目标词的词嵌入。输入利用语义 消歧模型标记的目标词在 OpenHowNet 同义词集中的前 n 个同义词,取这 n 个同 义词在预训练好的 Word2vec 模型中的词向量,计算这些同义词的平均向量作为 目标词的词向量,并加入 Word2vec 模型,使用时不用再次计算相同目标词的词 向量。

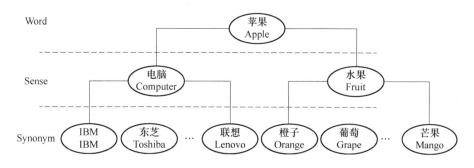

图 2-2 "苹果"在 OpenHowNet 中的同义词集

语义嵌入:基于标注好 id 的上下文和预训练的 Word2vec 模型,获得每个注释 词的词向量,该过程可以形式化地描述如下:从该词义在 OpenHowNet 中的同义 词集 S 中获取前 n 个同义词($s_i \in S, i=1,2,\cdots,n$),分别是橙子、葡萄和芒果等,这 些同义词具有与词义标记词 w'("苹果"=244397)相同的语义标记标注;从预训练 的 Word2vec 模型 V 中获取这 n 个同义词的词向量($v_i \in V, i=1,2,\cdots,n$);计算这 n 个向量的平均向量 v_{mean} 作为词义标记词 w'("苹果"=244397)的语义词向量 v'_w,将其添 加到预训练的 Word2vec 模型 V 中。共享出行评价内容的语义词向量 v'_w 为

$$v'_w = v_{mean} = \frac{1}{n}\sum_{i=1}^{n} v_i \tag{2-1}$$

经过计算得到了词义"苹果"=244397 的向量,将其添加到 Word2vec 模型 V

中,此时就完成了词义嵌入,得到了包含"苹果"$=244397$ 的语义词向量 v_w' 的 Word2vec 模型 V'。

2.4.4 共享出行语义消歧模型分析

使用基于 OpenHowNet 的 WSD 数据集评估不同的 BERT 模型:TinyBERT、AlBERT-tiny、AlBERT-base、DistilBERT 和 Chinese-BERT-wwm[13-16]。基于 SemEval-2007 使用的汉语词义标注语料库,包括 2 969 项数据,涉及 36 个目标多义词(17 个名词和 19 个动词)。加入了 Random 和 Dense 等模型作为 Baseline 方法进行对比,记录了处理数据集所需要的时间。由表 2-3 可知,Chinese-BERT-wwm 模型在名词的 Micro-F1、Macro-F1 分数和动词的 Micro-F1、Macro-F1 分数均优于其他模型;TinyBERT 模型不适用于 SememeWSD 的语义消歧算法,取得了最低的分数,甚至低于 Random 模型。

表 2-3 中文 BERT 模型的 WSD F1 分数

模型	名词		动词	
	Micro-F1	Macro-F1	Micro-F1	Macro-F1
Random	38.5	36.1	23.2	22.8
Dense	52.3	39.0	35.1	33.0
BERT-base	53.7	41.7	52.4	48.0
TinyBERT	36.0	24.7	20.4	16.3
AlBERT-tiny	47.9	36.1	38.9	33.0
AlBERT-base	51.9	39.3	42.3	37.4
DistilBERT	52.0	39.1	41.6	35.2
Chinese-BERT-wwm	**54.4**	**42.3**	**53.6**	**49.2**

Chinese-BERT-wwm 模型的准确率最高,而 AlBERT-tiny 模型处理数据集的速度比 BERT-base 模型快 2.22 倍。TinyBERT 模型在准确率这一指标中获得最低分数。基于实际应用场景的要求,本章使用了准确率更高的 Chinese-BERT-wwm 模型,而不是 BERT-base 模型或处理速度更快的 AlBERT-tiny 模型。Chinese-BERT-wwm 模型使用 BERT 的全词掩码对中文文本进行预训练,而全词掩码会通过把词语整个掩盖来进行预训练,克服了传统的 BERT 模型会把中文分

成字粒度的缺陷，这是 Chinese-BERT-wwm 模型性能优于 BERT-base 模型的主要原因。

2.4.5　共享出行语义嵌入模型有效性

使用共享出行评价内容语义消歧和语义嵌入模型进行文本相似度的实验，探讨共享出行评价内容语义词向量在质量上是否有提升。嵌入词向量之间的距离在某种程度上具有语义意义，它利用词向量嵌入的这一特性，将文本文档视为嵌入词的加权点云。两个文本文档 A 和 B 之间的距离通过文本文档 A 中文字需要移动的最小累积距离计算，以精确匹配文本文档 B 的点云。Gensim 提供了一个很好的库，能够在词嵌入基础上实现词移距离，适用于文本相似性分析和文本摘要任务。LCQMC 是一个语义匹配数据集，其目标是判断两个问题的语义是否相同。能获得更高的文本相似度计算准确率的词向量具有更高的词嵌入质量。通常，使用 Wmdistance 方法计算文本相似度。Wmdistance 方法是词移动距离（WMD）的实现，利用 WMD 距离衡量两个文本文档之间的语义差异。在 Baseline 方法中，使用前面提到的预训练词向量来计算词移距离，该词向量为 1 200 多万个中文单词和短语提供了 100 维向量和 200 维向量，这些单词和短语是在大规模高质量数据语料上进行预训练的。计算得到 Baseline 方法的 100 维词向量和 200 维词向量的准确率分别为 67.9% 和 70.4%，如表 2-4 所示。

表 2-4　文本相似度计算的准确率

方法	准确率
WMD-100	67.9%
WMD-100＋SWSDS	71.9%
WMD-200	70.4%
WMD-200＋SWSDS	74.0%

在 Baseline 方法使用的预训练词向量的基础上，加入共享出行评价内容语义消歧和语义嵌入模型，从而获得共享出行评价内容语义词向量，得到 100 维词向量和 200 维词向量的准确率分别为 71.9% 和 74.0%，相较于 Baseline 方法使用的预训练 100 维词向量和 200 维词向量，分别提高了 4.0% 和 3.6%，这将有助于情感分析、舆情监测等任务的进行。

2.5　实验结果与分析

实验内容主要包括三个部分：预处理、语义消歧和基于消歧的语义嵌入。

2.5.1　预处理结果

预处理用于对共享出行的评价文本进行分词和词性标注处理，能够自动识别共享出行评价文本中的多义词，并能够转化数据格式为后续的 SememeWSD 模型做准备。用户选择要进行预处理的共享出行评价文本文件，对面向共享出行评价文本进行预处理操作，包括利用 jieba 分词并进行词性标注、通过多义词表识别评论文本中的多义词、利用 Python 程序转换原始文本到 SememeWSD 模型需要的结构化数据格式等。自动识别多义词和数据格式转化都是语义消歧的中间结果。

图 2-3 是预处理结果，展示了对数据集进行分词后的词云图。从词云图中可以看到，共享出行评价内容中会提到的有感觉、程度、座椅、平稳、服务、态度和安全性等词语，说明在共享出行中乘客比较注重乘坐体验、服务质量和行车安全等。

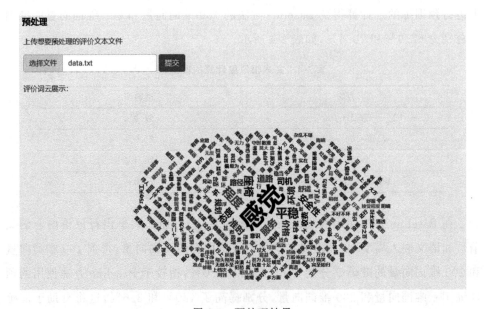

图 2-3　预处理结果

2.5.2 语义消歧结果

语义消歧的部分运行基于 Chinese-BERT-wwm 模型的 SememeWSD 模型,用于对预处理后的共享出行评价文本结构化数据进行多义词的语义消歧,并在共享出行评价文本中标记出多义词的词义,以便后续基于消歧结果进行共享出行评价内容的语义嵌入表示。输入"我在乘车过程中感染了病毒"后,多义词典自动识别多义词"感染"和"病毒",并对多义词进行语义消歧,得到了多义词"感染"和它消歧得到的词义"遭受"、多义词"病毒"和它消歧得到的词义"微生物"。输入"司机很敬业,被这种精神感染",运行语义消歧系统后,通过查询多义词典的关键词自动识别出了多义词"精神"和"感染",转化数据格式后输入面向共享出行评价内容语义消歧模型并进行语义消歧操作,得到了多义词"精神"和它消歧得到的词义"生命"、多义词"感染"和它消歧得到的词义"影响"。可以看到,多义词"感染"在不同的上下文中分别得到了更贴合语境的不同词义,解决了共享出行评价内容中多义词在不同语境中具有不同词义的问题,有助于计算机理解句子的语义,从而进行更准确、有效的多义词语义嵌入。对于评价内容中没有多义词的情况,系统会识别出此情况并返回该评论没有多义词。

2.5.3 基于消歧的语义嵌入结果

基于消歧的语义嵌入在共享出行评价内容中标记出多义词的词义,针对所标记的多义词词义在 OpenHowNet 的同义词集中取前 10 个同义词,计算这 10 个同义词的预训练词向量的平均值,并将它们作为该多义词标记词义的词向量添加到预训练词向量中。输入一段共享出行评价文本"司机给的苹果很甜",进行嵌入可视化,系统运行语义嵌入系统:①自动识别文本中的多义词,选取文本中的多义词(苹果)进行可视化展示,进行语义消歧,分别得到在语境中的语义并进行标记,如"苹果"在"司机给的苹果很甜"中的消歧结果是"水果"的词义,并标记"苹果＝水果";②通过同义词集得到该语义的词向量并加入共享出行评价内容的语义词向量,将对应语义在词向量中最相似的十个词语进行展示,可得到基于消歧的语义嵌入结果;③对应词义以及预训练模型中与该词义最相似的 n 个词条,与词义"苹果＝

水果"最相似的 n 个词分别是"柚子""枇杷""杏子""火龙果"等词条,这与"苹果＝水果"的语义是比较相近的。从实验结果可知,面向共享出行评价内容的语义词向量能够区分不同的词义并具有较好的表现。

本 章 小 结

本章对基于语义消歧的共享出行评价文本语义进行嵌入表示。对共享出行评价文本进行分词、词性标注的预处理,自动识别共享出行评价文本中的多义词并使之转化成能够被系统处理的数据格式。使用改进后的 SememeWSD 模型对共享出行评价文本中的多义词进行语义消歧并标记出词义。基于语义消歧结果和同义词集进行语义嵌入表示,获得面向共享出行评价内容的语义词向量。实验结果表明,基于语义消歧和同义词集的语义嵌入表示在语义相似度计算中获得了比 Baseline 方法更高的准确度,能更准确地表示出多义词的语义,有助于对共享出行评价文本进行情感分析。

本章参考文献

[1] PETERS M E, NEUMANN M, IYYER M, et al. Deep Contextualized Word Representations [C]//Proceedings of the 2018 Conference of the North American Chapter of the Association for Computational Linguistics: Human Language Technologies. New Orleans, Louisiana: Association for Computational Linguistics, 2018: 2227-2237.

[2] DEVLIN J, CHANG M W, LEE K, et al. BERT: Pre-training of Deep Bidirectional Transformers for Language Understanding [J]. arXiv preprint, arXiv:1810.04805, 2018.

[3] QI F C, YANG C H, LIU Z Y, et al. OpenHowNet: An Open Sememe-Based Lexical Knowledge Base [J]. arXiv preprint arXiv: 1901.09957, 2019.

[4] AGIRRE A E, DE LACALLE O L, SOROA A. Random Walks for Knowledge-Based Word Sense Disambiguation[J]. Computational Linguistics, 2014, 40(1): 57-84.

[5] USTALOV D, TESLENKO D, PANCHENKO A, et al. An Unsupervised Word Sense Disambiguation System for Under-Resourced Languages[J]. arXiv preprint, arXiv:1804.10686, 2018.

[6] CHEN X X, LIU Z Y, SUN M S. A Unified Model for Word Sense Representation and Disambiguation [C]//Proceedings of the 2014 Conference on Empirical Methods in Natural Language Processing (EMNLP). Doha, Qatar: Association for Computational Linguistics, 2014: 1025-1035.

[7] HOU B, QI F C, ZANG Y, et al. Try to Substitute: An Unsupervised Chinese Word Sense Disambiguation Method Based on HowNet[C]// Proceedings of the 28th International Conference on Computational Linguistics. Barcelona, Spain: International Committee on Computational Linguistics, 2020: 1752-1757.

[8] HUANG E H, SOCHER R, Manning C D, et al. Improving Word Representations via Global Context and Multiple Word Prototypes[C]// Proceedings of the 50th Annual Meeting of the Association for Computational Linguistics. Jeju Island, Korea: Association for Computational Linguistics, 2012: 873-882.

[9] SEBASTIANI F. Machine Learning in Automated Text Categorization[J]. ACM Computing Surveys, 2001, 34: 1-47.

[10] BENGIO Y, DUCHARME R, VINCENT P. A Neural Probabilistic Language Model[J]. The Journal of Machine Learning Research, 2003, 3: 1137-1155.

[11] MIKOLOV T, CHEN K, CORRADO G, et al. Efficient Estimation of Word Representations in Vector Space[J]. arXiv preprint, arXiv:1301.3781, 2013.

[12] PENNINGTON J, SOCHER R, MANNING C D. GloVe: Global Vectors

for Word Representation［C］//Proceedings of the 2014 Conference on Empirical Methods in Natural Language Processing（EMNLP）. Doha, Qatar：Association for Computational Linguistics，2014：1532-1543.

［13］ LAN Z Z, CHEN M D, GOODMAN S, et al. ALBERT：A Lite BERT for Self-supervised Learning of Language Representations［J］. arXiv preprint，arXiv：1909. 11942, 2019.

［14］ SANH V, DEBUT L, CHAUMOND J, et al. DistilBERT，A Distilled Version of BERT：Smaller, Faster, Cheaper and Lighter［J］. arXiv preprint，arXiv：1910. 01108, 2019.

［15］ CUI Y M, CHE W X, LIU T, et al. Pre-training with Whole Word Masking for Chinese BERT［J］. IEEE/ACM Transactions on Audio, Speech, and Language Processing，2021，29：3504-3514.

［16］ PENG J, WU Y F, YU S W. SemEval-2007 Task 05：Multilingual Chinese-English Lexical Sample ［C］//Proceedings of the Fourth International Workshop on Semantic Evaluations （SemEval-2007）. Prague, Czech Republic：Association for Computational Linguistics, 2007：19-23.

第 3 章

共享出行评价的情感分析

3.1 引　　言

随着移动互联网的普及,用户已经习惯于在网络上表达意见和建议,如电商网站上对商品的评价,社交媒体中对品牌、产品、政策的评价,等等,这些评价中蕴含着巨大的商业价值。例如,某品牌公司分析社交媒体上广大民众对该品牌的评价,如果负面评价忽然增多,则快速采取相应的行动,这种正负面评价的分析就是情感分析的主要应用场景。本章在语义挖掘基础上构建语义关联网络,针对评价内容情感倾向进行评价:首先从粗粒度和细粒度自然语言语义关系出发,进行情感偏向分析,分析共享出行评价对不同方面的情感极性;然后结合自注意力模型构建评价内容情感偏向分析模型,从粗粒度和细粒度方面对共享出行评价进行分析,得出用户的情感偏向。

3.2　情感分析方法

情感分析也被称为倾向性分析和意见挖掘,它是指对文本的主观情感倾向进行处理、判断、分类和归纳的过程。情感分析还可以细分为情感极性分析、情感程度分析、主客观分析等。现阶段主要以基于词典的方法和基于机器学习的方法为主进行情感识别和分类。

基于词典的方法利用事先选定的情感词典对文本进行预处理,包括拆解长文本、分析语法语义,根据相应的分类规则计算情感值,并以情感值作为文本情感倾向的证据。在这些分析方法中,词汇是情感分析对象的最小粒度单位,但由于单一的词汇缺少上下文环境和词语之间的关联关系,所表达的情感和态度可能与词组的效果不同甚至相悖,因此从整句着手,以句子作为表达情感的基础单位较为适合。在对句子的情感进行计算后,可以通过累加的方式判断篇章或者段落的情感。基于词典的情感分析大致步骤如下:①分解文章段落,分解段落中的句子,分解句子中的词汇;②搜索情感词并标注和计数,搜索情感词前的程度词,根据程度大小赋予不同权值;③搜索情感词前的否定词,赋予反转权值,计算句子的情感得分、段落的情感得分、文章的情感得分。以上步骤对于积极和消极的情感词分开执行,最终得到两个分值,分别表示文本的正向情感值和负向情感值。

基于机器学习的方法将文本的情感分析视作文本的感情分类,该方法是一个有监督的机器学习方法,首先人工对于文本进行判断和标注,其次将文本划分为两种不同的感情倾向,最后利用分类器对数据进行训练和分类。机器学习中一个不可缺少的步骤是文本的结构化。作为分类器的输入,文本需要被转化为计算机可以识别的结构。在文本的结构化中主要涉及最小语义粒度、文本向量化、词权值设定和特征提取等几个步骤。其中,特征提取是文本向量化的最后一步,主要分为特征选择和特征抽取两个过程。特征选择是根据特征权重挑选特征维度较高的部分作为训练模型的输入特征的过程,其中特征权重描述了特征和目标类别之间的关系,权重较高的特征对于分类的贡献和影响较大。特征抽取是特征降维的过程,通过某种算法或手段,将所有特征进行处理,输出新的维度数量远小于原始特征长度的特征,此过程中的信息损失比特征选择少很多。深度学习和神经网络是机器学习方面主要的算法。

文本结构化之后挑选合适的分类器进行训练,如朴素贝叶斯、神经网络、SVM和 k-means 等。常用的分类工具为 SVM。常用的评价指标主要为精度和召回率。精度反映了真正的正例样本在训练所得的正例中所占的比重。召回率反映了总的正例中被正确分类的正例所占的比重。精度越高,召回率越高,则分类效果越好。在分类的训练过程中,可以将社交网络用户发布的信息作为整体进行训练,也可以将信息分解后进行训练。在对整段文本进行分词处理后,先对信息的各项特征进行划分,再进行特征抽取用于分类器中。常见的特征有词语频率、词性标注、标点符号、结构、词语之间的关系。通过选择不同的特征组合,观察试验评价结果可以观察分类的好坏。在将消息看作整体的情况下,可以先提取整段文本的主、客观特征,根据标注情况分别训练主、客观分类器,再进一步对于文本的情感极性进行分类。

3.2.1　粗粒度情感分析

根据构建的情感词典,对分析文本进行文本处理和抽取情感词,计算该文本的情感倾向。分类效果取决于情感词典的完善性。情感分析方法流程如图 3-1所示。

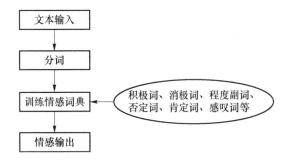

图 3-1　情感分析方法流程

通过对数据的预处理(包含去噪、去除无效字符等)进行分词操作,将情感词典中不同类型和程度的词语放入模型进行训练,根据情感判断规则将情感类型输出。栗雨晴等人[1]提出一种基于双语词典的多类情感分析模型,有效解决了现有情感词典多基于单一语言的问题;Cai 等人[2]通过构建一种基于特定域的情感词典,解决情感词存在的多义问题,将 SVM 和 GBDT 两种分类器叠加在一起,效果优于单一的模型;柳位平等人[3]利用中文情感词建立了一个基础情感词典用于专一领域情感词识别,能够有效地在语料库中识别及扩展情感词集并提高情感分类效果;Rao 等人[4]用三种剪枝策略自动建立一个用于社会情绪检测的词汇级情感词典,其中每个主题都与社会情绪相关,可预测有关新闻文章的情绪分布、识别新闻事件的社会情绪等。赵妍妍等人[5]提出了一种面向微博的大规模情感词典的方法,在微博情感分类的性能上和 Baseline 方法相比提高了 1.13%;Chen 等人[6]通过构建一个包含基本情感词、场景情感词和多义情感词的扩展的情感词典,有效实现了文本的情感分类。Cai 等人[7]对基于上下文的情感歧义词进行扩展,扩展后的情感词典由情感对象、情感词、情感极性三元组组成,通过构造的情感歧义词词典实现对细粒度情感的定向分析。王科等人[8]对情感词典自动构建方法进行了研究,将情感词典自动构建方法总结为基于知识库的方法、基于语料库的方法、基于知识库和语料库结合的方法三类,通过对现有的中英文情感词典进行归纳,分析了情感词典自动构建方法存在的问题。

唐慧丰等人[9]通过使用几种常见的机器学习方法(SVM、KNN 等)对中文文本的情感分类进行了比较,发现在大量训练集和适量特征选择的条件下情感分类效果可以达到最优。在短文本和多级情感分类问题中,有监督的机器学习方法也取得了不错的效果,杨爽等人[10]提出了一种基于 SVM 的多级情感分类方法,该方法通过在情感、词性、语义等特征上实现情感的五级分类,对情感分类的准确率为82.4%,F 值为 82.10%。Li 等人[11]提出一种基于多标签最大熵(MME)模型用于短文本情感分类,在相关数据集(微博、推特、BBC 论坛博客等评论)上的准确率可达 86.06%。在快速追踪公众的情绪变化、衡量公众利益方面,情感分析也起到一定的作用,Xue 等人[12]用机器学习的方法——LDA 实现了对 2020 年 3 月 1 日至4 月 21 日期间与 COVID-19 相关的 2 200 万条推特信息的突出主题及情感的识别。

有研究者对微博用户的立场检测进行研究,立场检测即判断用户对于给定目标是赞成还是反对的态度,如 Liu 等人[13]采用有监督和半监督的机器学习实现了对微博用户的立场检测,通过在 SVM、朴素贝叶斯和随机森林等不同分类器上进行实验对比,得到了显著的效果。为解决推文中主客观内容不平衡的问题,Yu 等人[14]提出了一种基于半监督机器学习方法进行推文情绪分类。基于传统机器学习的情感分类方法的关键点在于情感特征的提取以及分类器的组合选择,其中,不同分类器的组合选择对情感分析的结果存在一定的影响[15]。进一步对基于深度学习的情感分析方法细分,可以分为基于单一神经网络的情感分析、基于混合神经网络的情感分析、引入注意力机制的情感分析和使用预训练模型的情感分析。

(1)基于单一神经网络的情感分析。典型的神经网络学习方法有:卷积神经网络、循环神经网络[16]、长短期记忆网络[17]等。长短期记忆网络是一种特殊类型的循环神经网络,在处理长序列数据和学习长期依赖性方面效果较好。为了加快模型的训练速度,减少计算量和计算时间,Gopalakrishnan 等人[18]提出了 6 种不同参数的精简 LSTM 模型,通过实验表明不同参数设置和模型层数设置会对实验结果产生影响;Teng 等人[19]提出了一种基于长短期记忆的多维话题分类模型,该模型由长短期记忆细胞网络构成,可以实现对向量、数组和高维数据的处理,实验结果表明该模型的平均精度达 91%,最高可以达到 96.5%。

(2) 基于混合神经网络的情感分析。罗帆等人[20]提出了一种顺序卷积注意递归网络(SCARN),通过与传统的 CNN 和 LSTM 网络相比较,SCARN 具有更好的性能。Xing 等人[21]利用联合循环神经网络和卷积神经网络,提出一种多层网络模型 H-RNN-CNN,该模型使用两层的 RNN 对文本建模,并引入句子层,实现了对长文本的情感分类。Jian 等人[22]引入一个新的参数化卷积神经网络进行方面级情感分类,使用了参数化过滤器(PF-CNN)和参数化门机制(PG-CNN),在 emEval 2014 datasets 上取得较高的准确性(可以达到 90.58%)。韩建胜等人[23]提出一种基于双向时间卷积网络(Bi-TCN)的情感分析模型,使用单向多层空洞因果卷积结构分别对文本进行前向和后向特征提取,将两个方向的序列特征融合后进行情感分类。Lai 等人[24]提出了一个基于语法的图卷积网络(GCN)模型来增强对微博语法结构多样性的理解,对微博的情感进行细粒度分类,包括快乐、悲伤、喜欢、愤怒、厌恶、恐惧和惊讶。与使用基于情感词典和传统机器学习的情感分析方法相比,采用神经网络的方法在文本特征学习方面有显著优势,能主动学习特征,对文本中的词语信息主动保留,从而更好地提取到相应词语的语义信息,有效实现文本的情感分类。

(3) 引入注意力机制的情感分析。Volodymyr 等人[25]在 RNN 上使用了注意力机制实现图像分类。Bahdanau 等人[26]将注意力机制应用在机器翻译任务中。注意力机制具有扩展神经网络的能力,允许近似更加复杂的函数,即关注输入的特定部分。通过在神经网络中使用这种机制,可以有效提升自然语言处理任务的性能[27]。Da'u 等人[28]提出了一种基于注意力的神经网络(SDRA)的深度感知推荐系统。Yang 等人[29]提出一种将目标层注意和上下文层注意交替建模的协同注意机制。刘发升等人[30]提出一种基于卷积注意力机制的模型(CNN_attention_LSTM)以提取文本的局部最优情感和捕捉文本情感极性转移的语义信息,其中,使用卷积操作提取文本注意力信号,将其加权融合到 Word Embedding 文本分布式表示矩阵中,突出文本关注重点的情感词与转折词,使用长短期记忆网络捕捉文本前后的情感语义关系,采用 Softmax 线性函数实现情感分类。

(4)使用预训练模型的情感分析。通过对预训练模型的微调可以实现较好的情感分类结果,最新的方法大多使用预训练模型,包括 ELMo、BERT、XL-NET、ALBERT 等。Peters 等人[31]使用的是一个双向 LSTM 语言模型,由一个前向和一个后向语言模型构成。Devlin 等人[32]在 BERT 的输入处理中使用了 Word Piece Embedding 作为词向量,同时引入了位置向量和句子切分向量。Xu 等人[33]通过结合通用语言模型(ELMo 和 BERT)和特定领域的语言理解,提出 DomBERT 模型并将其用于域内语料库和相关域语料库的学习。Yin 等人[34]提出一种基于 BERT 的方法 SentiBERT,该方法包含 3 个模块:BERT、基于注意网络的语义组合模块、短语和句子的情感预测因子。Farahani 提出了[35]一种用于波斯语的单语 BERT(ParsBERT)模型进行情感分析、文本分类等。Delobelle 等人[36]将 BERT 模型用于荷兰语,并进行了鲁棒优化从而训练得到 Bob-BERT 荷兰语模型。研究者发现现有的基于 BERT 的情感分析方法大都只利用 BERT 的最后一个输出层,而忽略了中间层的语义知识,因此 Song 等人[37]通过对 BERT 中间层的研究,提高 BERT 的细化性能;研究者[25-39]通过对 BERT 模型进行改进,减少了整体的参数量,加快了训练速度,增加了模型效果。可以预知未来的情感分析方法将更加专注于研究基于深度学习的方法,通过对预训练模型的微调,实现更好的情感分析效果。

3.2.2　细粒度情感分析

相比于粗粒度的情感分析,细粒度的情感分析对于实际应用的意义更大。普通的情感分析包含两部分:目标和情感。目标可以是任意一个实体或实体的任意一个方面,而情感只针对目标而言,有积极、中立、消极 3 种观点。针对一个文本分析出其对应的情感是一个非常简单的文本分类任务。传统的情感分析研究主要在句子或文档层面进行预测,能够识别出整体情感对整个句子或文档的极性。随着需求的日益精细化,对识别更细粒度的方面级意见和情感的需求愈发凸显,这推动了基于 Aspect 的情感分析(Aspect-Based Sentiment Analysis,ABSA)的发展。表达情感的相关对象从整个句子或文档转移到一个实体或实体的某个方面,为下游应用提供了有用的细粒度情感信息。近年来,预训练语言模型(Pre-training

Language Model，PLM)的出现为 ABSA 任务带来了实质性的改进[40,41]，使 ABSA 模型的泛化能力和鲁棒性显著提高。Li 等人的研究[42]表明将简单的线性分类层堆叠在 BERT 之上，比以前专门设计的最先进的端到端 ABSA 任务模型更有竞争力。将训练好的模型用于不可见的域，即跨域迁移[43]或跨语言迁移[44]，为构建能很好地泛化到不同域和语言的 ABSA 系统提供了一种替代解决方案。

3.3　共享出行评价的情感分析

将共享出行评价数据输入训练过的深度学习模型进行预测，将预测结果进行进一步处理，通过情感词典和句法分析，可以得到细粒度情感倾向得分和粗粒度情感倾向比例。为了在深度学习的基础上对情感倾向进行进一步的分析，引入情感词典，并使用句法分析，对评价内容进行分析。构建情感词典的方法包括：将公开的情感词词典进行整合、对已有的情感词词典进行同义词扩充、基于规则的方法对句子进行句法结构分析以识别固定句式并发现其中的情感词语、基于统计学方法使用互信息方法找到与情感种子词关联度最高的 n 个词语并将其扩充到情感词词典中。

句法结构分析用于分析句子的句法结构(主、谓、宾等结构)和词汇间的依存关系(并列、从属等)，可以为语义分析、情感倾向、观点抽取等应用场景打下坚实的基础。句法结构分析主要应用在中文信息处理中，如机器翻译等，它是语块分析思想的一个实现。语法体系对语言中合法句子的语法结构给予形式化的定义，句法结构分析根据给定的语法体系，自动推导出句子的句法结构，分析句子所包含的句法单位和这些句法单位之间的关系。更具体地说，句法结构分析能够识别出句子的主、谓、宾等主要成分，也能分析出定、状、补等其他成分，从而理解各成分之间的关系。对于复杂语句，仅凭词性分析不能得到正确的语句成分关系，而通过句法结构分析就能够分析出语句的主干以及各成分间的关系。语义依存关系分析用于识别词汇间的从属、并列、递进等关系，可以获得较深层次的语义信息。语义依存关系不受句法结构的影响，即用几个不同的表达方式也可以表达同一个语义信息。语义依存关系更多地关注介词等非实词在句子中的作用，而句法结构分析则侧重于名词、动词、形容词等实词。例如，在句子"张三吃了苹果"中，"张三"与"吃"的关系为施加关系,"苹果"与"吃"的关系为受事关系。依存关系的标注比较多,可以根据句子成分确定属性词、修饰词和情感词,这种详细标注有助于更深入地理解句子的意义。

情感倾向点互信息(Semantic Orientation Pointwise Mutual Information,SO-PMI)算法用于判断陌生词与基准词的关联程度,陌生词与积极基准词关联程度大则为积极的,与消极基准词关联程度大则为消极的,与积极和消极的概率相同(与积极和消极的词语都独立)就判断为中性的词语。例如,判断需要判断的词语$P(\text{word})$与基准词$P(\text{base})$同时出现的概率:需要判断的词语如果与积极(positive)的词同时出现的概率更高就判断为积极的词语,如果与消极(negative)的词同时出现的概率更高就判断为消极的词语,而如果与积极和消极的词同时出现的概率相同就判断为中性的词语。SO-PMI算法由 SO-PMI 和 PMI 这两部分组成。

点互信息(Pointwise Mutual Information,PMI)算法,用于判断某个词与基准词出现的概率。其中,$P(\text{word1},\text{word2})$为联合概率,即 word1 和 word2 同时出现在语料中的概率,如果两者独立,则 $P(\text{word1},\text{word2}) = P(\text{word1})P(\text{word2})$,即整个分数值为 1,那么 PMI＝0。对 PMI 结果的分析如下:

① PMI＞0,则两个词语相关,值越大关联性越强;

② PMI＝0,则两个词语独立;

③ PMI＜0,则两个词语不相关。

对象关系映射(Object Relational Mapping,ORM):对于以 Python 类形式定义的数据模型,ORM 将模型与关系数据库连接起来,得到一个数据库 API,同时可以在 Django 中使用原始的 SQL 语句。

(1) URL 分派:使用正则表达式匹配 URL,可以设计任意的 URL。

(2) 模板系统:使用 Django 强大而可扩展的模板语言,分隔设计、内容和 Python 代码,具有可继承性。

(3) 表单处理:能够生成各种表单模型,实现表单的有效性检验,根据定义的模型实例生成相应的表单。

(4) Cache 系统:用于内存缓冲或其他的框架,实现超级缓冲。

(5) 会话(session):用于用户登录与权限检查,能够快速开发用户会话功能。

(6) 国际化:方便开发出多种语言的网站。

(7) 自动化的管理界面:Django 自带一个类似于内容管理的系统 ADMIN site。

网页中的图表使用 Echarts 图表。Echarts 是一款基于 JavaScript 的数据可视化图表库,提供直观、生动、可交互、可个性化定制的数据可视化图表。Echarts 提供了常规的折线图、柱状图、散点图、饼图、K 线图,用于统计的盒形图,用于地理数据可视化的地图、热力图、线图,用于关系数据可视化的关系图、treemap、旭日图,多维数据可视化的平行坐标,以及用于 BI 的漏斗图、仪表盘,支持图与图之间的混搭。

3.4 实验结果与分析

本章的研究对象为用户对共享出行的评价内容,目标是解决评价内容的情感倾向分析问题。在细粒度层面将评论分为 8 个方面:服务态度(态度差,服务好)、价格(便宜,昂贵)、车内环境(整洁,脏乱)、按时程度(及时,延误)、座椅舒适程度(舒服,难受)、道路规划(绕远,路程短)、安全性(不安全,安全)、平稳程度(平稳,颠簸)。数据集中,-2 代表未提及,-1 代表消极情感,0 代表中性情感,1 代表积极情感。使用 GCAE 模型进行情感分析,进行微调并引入情感词典,使得情感分析准确度得到进一步的提升。采用主流情感分析模型,如 BiLSTM-Attention、BERT-HAN-Attention、fastText、SVM、GCAE,在公开数据集上进行测试,模型对比结果如表 3-1 所示,可知,GCAE 模型和 BiLSTM-Attention 模型的准确率较高。

表 3-1　模型对比结果

模型	BiLSTM-Attention	fastText	SVM	BERT-HAN-Attention	**GCAE**
准确率/%	70	49	41	68	**71**

各模型在共享出行评价数据集上测试得到的结果如表 3-2 所示。GCAE 模型的表现最好,准确率达到了 99.404%。

表 3-2　各模型共享出行评价数据集上测试得出的结果

模型	BiLSTM-Attention	fastText	SVM	BERT-HAN-Attention	**GCAE**
准确率/%	98.925	95.200	97.325	98.305	**99.404**

本 章 小 结

本章采用 GCAE 深度学习模型,通过构建情感词典、句法分析等方法,实现了对共享出行评价内容的情感分析。利用 Django、Ajax 等技术,实现了数据前后端的传递。在前端输入评价内容,对分析结果(包括细粒度情感得分和积极/消极情感占比)在系统界面进行可视化展示,实现了对共享出行评价文本的情感细粒度划分和情感倾向分析。

本章参考文献

[1] 栗雨晴,礼欣,韩煦,等. 基于双语词典的微博多类情感分析方法[J]. 电子学报,2016,44(9):2068-2073.

[2] CAI Y,YANG K,HUANG D P,et al. A Hybrid Model for Opinion Mining Based on Domain Sentiment Dictionary [J]. International Journal of Machine Learning and Cybernetics,2019,10:2131-2142.

[3] 柳位平,朱艳辉,栗春亮,等. 中文基础情感词词典构建方法研究[J]. 计算机应用,2009,29(10):2875-2877.

[4] RAO Y H,LEI J S,LIU W Y,et al. Building Emotional Dictionary for Sentiment Analysis of Online News[J]. World Wide Web,2014,17(4):723-742.

[5] 赵妍妍,秦兵,石秋慧,等. 大规模情感词典的构建及其在情感分类中的应用[J]. 中文信息学报,2017,5:192-198.

[6] CHEN Z,LI F,QIU X Y,et al. Chinese Text Sentiment Analysis Based on Extended Sentiment Dictionary[J]. IEEE Access,2019,7:43749-43762.

[7] CAI X H,LIU P Y,WANG Z H,et al. Fine-grained Sentiment Analysis Based on Sentiment Disambiguation[C]// 2016 8th International Conference on Information Technology in Medicine and Education. Fuzhou,China:

IEEE，2016：557-561.

[8] 王科，夏睿. 情感词典自动构建方法综述[J]. 自动化学报，2016，42(4)：17-33.

[9] 唐慧丰，谭松波，程学旗. 基于监督学习的中文情感分类技术比较研究[J]. 中文信息学报，2007，21(6)：88-94.

[10] 杨爽，陈芬. 基于 SVM 多特征融合的微博情感多级分类研究[J]. 数据分析与知识发现，2017，1(2)：73-79.

[11] LI J，RAO Y H，JIN F M，et al. Multi-label Maximum Entropy Model for Social Emotion Classification Over Short Text［J］. Neurocomputing，2016，210：247-256.

[12] XUE J，CHEN J X，HU R，et al. Twitter Discussions and Concerns About COVID-19 Pandemic：Twitter Data Analysis Using a Machine Learning Approach[J]. arXiv preprint，arXiv：2005.12830，2020.

[13] LIU L R，FENG S，WANG D L，et al. An Empirical Study on Chinese Microblog Stance Detection Using Supervised and Semi-supervised Machine Learning Methods［C］//Natural Language Understanding and Intelligent Applications. Cham，Switzerland：Springer，2016.

[14] YU Z W，WONG R K，CHI C H，et al. A Semi-supervised Learning Approach for Microblog Sentiment Classification ［C］//2015 IEEE International Conference on Smart City/Social-Com/SustainCom，Chengdu，China：IEEE，2015：1-12.

[15] JIANG F，LIU Y Q，LUAN H B，et al. Microblog Sentiment Analysis with Emoticon Space Model[J]. Journal of Computer Science and Technology，2015，30(5)：1120-1129.

[16] SCHMIDHUBER J. Deep Learning in Neural Networks：An Overview ［J］. Neural Networks，2015，61：85-117.

[17] BENGIO Y，DUCHARME R，VINCENT P. A Neural Probabilistic Language Model［J］. Journal of Machine Learning Research，2003，3：1137-1155.

[18] Gopalakrishnan K，Salem F M. Sentiment Analysis Using Simplified Long

Short-term Memory Recurrent Neural Networks［J］. arXiv preprint, arXiv:2005.03993，2020.

[19] TENG F,ZHENG C M,LI W. Multidimensional Topic Model for Oriented Sentiment Analysis Based on Long Short-term Memory［J］. Journal of Computer Applications, 2016，36(8)：2252-2256.

[20] 罗帆,王厚峰. 结合 RNN 和 CNN 层次化网络的中文文本情感分类[J]. 北京大学学报(自然科学版)，2018，54(3)：459-465.

[21] XING X P,XIAO C B,WU Y F,et al. A Convolutional Neural Network for Aspect-Level Sentiment Classification［J］. International Journal of Pattern Recognition and Artificial Intelligence，2019，33(14)：1959046.

[22] JIANG B,ZHANG H F, LÜ C,et al. Sentiment Classification Based on Clause Polarity and Fusion via Convolutional Neural Network［C］//2018 IEEE SmartWorld, Ubiquitous Intelligence & Computing, Advanced & Trusted Computing, Scalable Computing & Communications, Cloud & Big Data Computing, Internet of People and Smart City Innovation. Guangzhou,China:IEEE, 2018：1039-1044.

[23] 韩建胜,陈杰,陈鹏,等. 基于双向时间深度卷积网络的中文文本情感分类［J］. 计算机应用与软件，2019，36(13)：225-231.

[24] LAI Y N, ZHANG L F, HAN D H, et al. Fine-Grained Emotion Classification of Chinese Microblogs Based on Graph Convolution Networks[J]. World Wide Web, 2020，23(14)：2771-2787.

[25] MNIH V, HEESS N, GRAVES A,et al. Recurrent Models of Visual Attention[J]. arXiv preprint, arxiv:1406.6247vI,2014.

[26] BAHDANAU D,CHO K, BENGIO Y. Neural Machine Translation by Jointly Learning to Align and Translate［J］. arXiv preprint，arXiv:1409.0473，2014.

[27] VASWANI A,SHAZEER N,PARMAR N,et al. Attention Is All You Need[J]. arXiv preprint，arXiv:1706.03762，2017.

[28] DA'U A,SALIM N. Sentiment-Aware Deep Recommender System with Neural Attention Networks[J]. IEEE Access, 2019，7：45472-45484.

[29] YANG C,ZHANG H F,JIANG B,et al. Aspect-Based Sentiment Analysis with Alternating Coattention Networks[J]. Information Processing & Management, 2019, 56(3): 463-478.

[30] 刘发升, 徐民霖, 邓小鸿. 结合注意力机制和句子排序的情感分析研究[J]. 计算机工程与应用, 2020, 56(13): 12-19.

[31] PETERS M E, NEUMANN M, IYYER M, et al. Deep Contextualized Word Representations[C]//Proceedings of the 2018 Conference of the North American Chapter of the Association for Computational Linguistics: Human Language Technologies. New Orleans, Louisiana: Association for Computational Linguistics, 2018: 2227-2237.

[32] DEVLIN J, CHANG M W, LEE K, et al. BERT: Pre-Training of Deep Bidirectional Transformers for Language Understanding [J]. arXiv preprint, arXiv:1810.04805, 2018.

[33] XU H,LIU B,SHU L,et al. DomBERT: Domain-Oriented Language Model for Aspect-Based Sentiment Analysis [C]//Findings of the Association for Computational Linguistics: EMNLP. (Online): Association for Computational Linguistics, 2020: 1725-1731.

[34] YIN D, MENG T, CHANG K W. SentiBERT: A Transferable Transformer-Based Architecture for Compositional Sentiment Semantics[J]. arXiv preprint, arXiv:2005.04114, 2020.

[35] FARAHANI M,GHARACHORLOO M. ParsBERT: Transformer-Based Model for Persian Language Understanding[J]. arXiv preprint, arXiv: 2005.12515, 2020.

[36] DELOBELLE P, WINTERS T, BERENDT B. RobBERT: A Dutch RoBERTa-Based Language Model[C]//Findings of the Association for Computational Linguistics: EMNLP. (Online): Association for Computational Linguistics, 2020: 3255-3265.

[37] SONG Y W,WANG J H,LIANG Z W,et al. Utilizing BERT Intermediate Layers for Aspect Based Sentiment Analysis and Natural Language Inference[J]. arXiv preprint, arXiv:2002.04815, 2020.

[38] LAN Z Z,CHEN M D,GOODMAN S,et al. ALBERT：A Lite BERT for Self-Supervised Learning of Language Representations[J]. arXiv preprint，arXiv：1909.11942，2019.

[39] 曾诚,温超东,孙瑜敏,等. 基于 ALBERT-CRNN 的弹幕文本情感分析[J]. 郑州大学学报(理学版)，2021：1-8.

[40] DEVLIN J,CHANG M W,LEE K,et al. BERT：Pre-Training of Deep Bidirectional Transformers for Language Understanding［J］. arXiv preprint，arXiv：1810.04805，2019.

[41] LIU Y H,OTT M,GOYAL N,et al. RoBERTa：A Robustly Optimized BERT Pretraining Approach ［J］. arXiv preprint，arXiv：1907.11692，2019.

[42] LI X,BING L D,ZHANG W X,et al. Exploiting BERT for End-to-End Aspect-Based Sentiment Analysis［J］. arXiv preprint，arXiv：1910.00883，2019.

[43] PAN S J，YANG Q. A Survey on Transfer Learning［J］. IEEE Transactions on Knowledge and Data Engineering，2009，22（10）：1345-1359.

[44] RUDER S，IVAN V，ANDERS S. A Survey of Crosslingual Word Embedding Models[J]. Journal of Artificial Intelligence Research，2019，65(1)：569-631.

第 4 章
共享出行评价的多属性情感分析

4.1 引　　言

采集共享出行平台评价内容,构建语义特征提取和语义表示方法,去除冗余信息,提取关键特征,实现语义消歧、语义嵌入。挖掘共享出行固有的时间和空间属性,构建包括时空信息在内的多属性联合评价内容语义分析模型,结合时空特性进行情感倾向的评价语义分析。构建语义关联网络,对评价内容的情感倾向进行评价,评估相关评价内容在相关共享出行中的关联性与影响性。在情感分析的基础上建立评价内容网络与共享出行网络的对应关系,构建评价内容情感倾向与共享出行在时空属性上的强关联模型,即在共享出行评价的情感分析中融入共享出行时空属性特征,构建共享出行时空性质与自然语言语义信息相结合的复杂维度内容情感偏向特征空间,形成共享出行评价内容情感偏向分析预测模型,对相关时间段和相似地域空间下的出行效益影响进行分析预测。

4.2 文本主题特征抽取

中文分词指的是将一个汉字序列切分成一个个单独的词语,将连续的字序列按照一定的规范重新组合成词序列的过程。词语切分是自然语言处理技术中比较常用的一种,通常在与文本相关项目的预处理环节中使用。基于无监督学习的中文分词算法使用基准分词器对未标注的语料进行分词,选择适合于未登录词发现的模型进行无监督训练得到词向量,使用词向量结果贪婪地发现未登录词,从而修正分词结果。随着深度学习相关技术的发展,利用神经网络优化分词处理的方法越来越多,一般采用从大规模语料中学习汉字的语义向量,再将字向量应用于BLSTM实现分词的过程。

文本的主题一般都是抽象的,无法在聚类之前预先知道,如虽然新闻文本包含的主题有体育类、财经类、生活类等,但是无法确切地量化这篇文本属于每个主题的概率有多少。对于无标文本数据,需要挖掘出潜在的主题,计算出文本属于不同主题的概率。文本的主题分布作为文本的主题特征是文本的一种抽象表示,知晓主题特征分布可以大大提高文本分类模型的性能。隐狄利克雷分布是一种文本主题的生成模型,包含词、主题和文档,它首先以一定的概率选择某一个主题,并从这个主题中以一定的概率选择某个词语,然后构造文本主题矩阵和词语主题矩阵,进行迭代训练,直到模型收敛,便可以获得文本的主题分布向量,即文本的主题特征。

4.3 利用文本聚类挖掘潜在信息

利用深度学习的相关网络可以获取词语的向量表示,有助于分析文本相关的情感特征。分布式词向量可以使得相关或者相似的词语在距离上更接近,其中距离指的是向量之间的距离。向量的距离的衡量方式有很多,可以使用传统的欧氏距离来衡量,也可以使用余弦距离来衡量,特别地,对于高维空间,使用余弦相似度作为相似度计算方法较为有效。构造分类规则也就是用分类器对数据进行训练,常用的方法有 KNN、朴素贝叶斯、支持向量机、神经网络、决策树、线性最小平方拟合以及集成模型的随机森林等。在分类器对数据的训练完成后,就可以进行分类:将一个文本输入分类器就能产生该文本对应的类别。

聚类算法是对无标文本数据进行分析的一项重要方法,它先抽取文本特征,构建表示文本的向量,然后利用向量间的相似度计算进行文本聚类。其中,文本特征抽取是文本聚类的基础,好的特征对模型来说尤为重要。文本主题模型是一种在文本潜在主题层面上的聚类方法,近年来被广泛使用。其中,基于传统的 LDA 主题模型的改进变种算法层出不穷;权重主题模型 WTM 和平衡权重主题模型 BWTM 在小规模训练集上有着更好的性能;基于 LDA 的改进主题模型被用于发现相似的电视观众群体和推荐电视节目,在微博用户的兴趣挖掘方面可作为用户主题模型来使用;半监督的主题模型在多标签的文本分类和活动模式发现中也能发挥作用。

情感主题联合生成模型已经被成功应用于网络评价分析等。随着智能终端设备的广泛应用,用户书写的评价越来越短,引发了短评价中的文本稀疏问题。采用短文本的联合情感-主题模型可以解决文本稀疏问题,该模型是一种概率生成模型,它将文章的写作过程简化成一系列概率步骤,不仅能发现文档的主题分布,还能发现与每个主题相关的作者。每个作者都拥有一个主题多项分布;一篇文章对应多个作者,文章也有属于自己的主题分布,但这个分布与文章所属作者的主题分布相关。当生成一篇文档时,先为文档中的每个词语随机选择一个作者,由这个作者根据自己的主题分布选择一个主题,再利用与该主题相关的词语多项分布采样出词语,这个过程重复下去就可以生成文档中的所有词语。

4.4　情感倾向性分析与多属性挖掘

4.4.1　情感倾向性分析

情感分析又称为情感倾向性分析或评价抽取,情感分析作为自然语言特征挖掘的基础,其本质是挖掘文本中包含的个人情绪或者观点并进行处理归纳。情感倾向性分析将积极向上的文本信息划分为积极类,将消极不满的文本信息划分为消极类。情感倾向性分析是监督学习下情感极性的分类过程,它将文本数据映射到高维隐性特征空间中完成对数据的分类。

本章对共享出行评价信息进行情感倾向性分析预测,判别文本信息所蕴含的个人情感是积极情绪还是消极的情绪,由两个衡量指标进行判断:一是情感倾向方向;二是情感倾向程度。例如,满意、愉悦表达的是积极性情感方向,讨厌、恶心表达的则是消极性情感方向。

　　情感倾向程度通过情感词语本身或者修饰情感词语的程度副词来表达,通常指文本中能够体现个人情感的词汇所表达出的情感程度。例如,喜欢和爱都是积极性情感,但爱表现出的积极性情感程度强于喜欢;同样,讨厌和很讨厌都是消极性情感,但使用了"很"字作为副词修饰"讨厌"表现出来的消极性情感程度远远强于讨厌。基于情感词典的情感分析方法和基于机器学习的情感分析方法是目前使用最为广泛的情感分析方法。

　　为了能够在情感词典中进行查询,需要预处理含有丰富情感的语句或者标签。接着,对文本按照语法进行中文分词,即按照特定的语义把完整的句子精确地分成一个个词语,从而构建相应的情感分析词典。然后,计算单个情感词汇的情感倾向值,并对句子中的所有情感倾向值进行汇总来判断该句子的情感倾向值:如果汇总的情感倾向值比零大,则认为表达的情感是积极的;如果值比零小,则认为表达的情感是消极的;如果恰好等于零,则认为表达的是中性情感。图 4-1 所示是基于情感词典的情感分析的方法。基于词典的情感分析方法不需要人工标注好的训练文本数据,节省了大量时间和人力,但扩展性较差,过于倚重构建的特定情感词典,否则无法识别出充足的情感倾向,更重要的是,该分析方法使用的句子的情感极性需要十分准确地符合制定的语法规则,因此基于词典的情感分析方法在召回率方面表现较差。

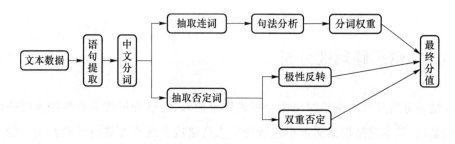

图 4-1　基于情感词典的情感分析的方法

　　由于人们受教育背景和表达习惯等的不同,特别是在情感分析领域,人们表达情感的方式呈现出个性化特征,因此为了能够更加精准地判别文本的情感倾向就需要制定足够多的规则,但是当规则过于复杂时,可能导致不同的规则之间发生矛盾,这种情况下情感分析有可能无法进行下去,最终导致准确率受到影响。情感分析在基于机器学习的情感分析方法中被认为是一个分类的过程[1]，先利用基于机器学习的分类算法构建分类器，再将之前结构化的文本信息输入分类器进行训练，通过模型预测结果。朴素贝叶斯、支持向量机和最大熵模型是目前应用较为广泛的机器学习方法。然而，基于机器学习的情感分析方法提取含有情感色彩的情感词作为特征词，必须有足够规模的人工标注的数据集，花费大量时间和人力。

在细粒度情感分析中[2]，通常将输入的文本转换为对应的词嵌入向量，通过长短期记忆网络进行特征提取，结合注意力机制得到该方面词对应的向量，在该向量的基础上通过全连接层及激活函数得到各情感极性的预测概率。由于输入文本的句法特征利用程度较低，仅通过长短期记忆网络或者卷积神经网络进行上下文的语义特征提取，忽略了文本自身蕴含的句法特征，且语句中方面词和其对应的描述词之间特殊的依存关系对情感极性的判断有着重要的作用，因此即使有部分方法使用了依存解析树的信息，也只是将句子直接转换为依存解析树，按照该结构进行长短期记忆网络的信息传递，运算起来较为复杂，同时，这种方式和依存解析树本身的结构契合程度较低，无法很好地学习到句子的句法特征[3,4]。

首先通过计算方面词与输入句子中的其他词汇的相关性来生成对应的方面词向量，其次根据该向量预测情感极性的结果，最后通过基于依存解析树的句法相关性或者基于注意力机制的语义相关性来实现特征提取。在语法层面上，传统的方法在计算方面词与输入句子中其他单词的语义相关性时，大多通过直接计算向量之间的相似度来实现，粒度较为单一，同时具有轮换对称性，无法体现出词向量的特殊性，导致语义特征学习不充分；在句法层面上，图卷积的过程同样没有给予方面词足够特殊的地位，即在图卷积的过程中，其他单词对应的节点无法意识到方面词的位置，因此会导致句法特征的学习不充分[5,6]。

图卷积神经网络能够对结构信息进行编码，使得每个节点都能够接收到相邻节点传递的信息。依存解析树的结构可以被描述为一张图：将文本转换为图结构，将每个单词作为一个节点，将依存关系作为连接的边。在依存解析树构成的图上通过图卷积计算，建模句子中各单词之间的句法关系，能够更好地学习到单词之间的关系，提供更细粒度的特征表示，从而提升在下游任务上的性能表现。图卷积操作先将输入的多种来源的数据表示为图形，再对输入的结构信息进行编码，从而建模图中各节点之间的关系,并提供更细粒度的包含更多信息的特征表示。图的结构可以用于建模空间中各节点的关联信息,但是并不是所有图结构都符合欧氏特征,例如,如果图有着不规则的结构,那么在图上进行卷积或者过滤操作并不方便,此时可以借鉴谱图卷积定义在图傅里叶域中的方法,图的过滤和卷积也可以在谱域和顶点域中定义。

4.4.2 共享出行下的时空属性挖掘

共享出行需求预测[7]是一类基于历史数据的空间和时间特征预测未来需求的时空数据挖掘任务。传统的时空预测方法主要依赖时间序列中的统计信息进行回归,从而得到最终的预测结果。自回归移动平均模型是其中的一个代表性方法,它在一些传统的时空任务中得到了广泛的应用。Atigh 等人[8]使用图卷积网络提取城市中的非欧氏空间相关性特征,将传统自回归移动平均模型与数据采集点的地理位置信息相结合,建立时空自回归移动平均模型来预测交通流参数;基于传统 k 近邻模型分析 k 近邻算法的时间和空间参数,引入时空参数和指数权重,从设置时空状态向量和采用权重距离度量两方面改进传统 k 近邻算法,预测效果明显优于只考虑时间特征的预测模型。Lin 等人[9]实现了一个基于时空信息增强的模验证,该模型比仅使用时间信息的模型具有更好的性能。

Van Den Oord 等人[5]提出了用等效距离代替路段间的物理距离的改进 k 近邻模型,由采集的静态和动态数据定义等效距离,路段交通状态由时间序列描述变为时空状态矩阵描述;根据高斯加权欧氏距离选择最近邻,调整时空因素对时空状态矩阵的影响,从而提高时空相关的预测精度。基于深度卷积神经网络的方法融合时间和空间属性预测城市人流量[10],将残差连接加入深度卷积神经网络模型,用于城市人流量预测的 ST-ResNet[11]。在基于时空特性的出租车预测的场景下,常见的算法有基于多层全连接神经网络[12]、基于长短期记忆和双向长短期记忆的时空预测方法[13]、结合使用卷积神经网络[14]和循环神经网络来提取联合时空特征[15],并在此基础上使用图嵌入方法获取远距离区域之间的语义相关性特征。

谷远利等人[16]引入基于熵的灰色关联分析方法来捕获路段间的空间特征,对车道级的交通速度进行预测。Lin 等人[17]结合自注意力机制和卷积长短期记忆网络,提出一种新的自注意力记忆网络来捕捉空间域和时间域方面的特征。包银鑫等人[18]结合时空残差模型和卷积神经网络,对交通栅格数据进行相关性分析,并融合 LSTM 捕获周期性和邻近性的长期时间特征。由于观察点的空间是非结构化的,无法利用常规的卷积神经网络提取相邻观察点间的空间特征,Bruna 等人[19]为捕获交通数据的时空依赖性,对 GRU 的门控进行改进,提出 seq2seq 的 DCRNN 模型。DCGRU 能对输入和隐藏记忆单元进行图卷积,Zhao 等人[20]在 DCRNN 模型的基础上,提出一种基于 GCN 和 GRU 的时间图卷积网络(T-GRU)模型,其中,T-GRU 仅对输入进行图卷积。针对时间依赖,Guo 等人[21]使用 3 个不同的时空组件提取历史数据,综合交通网络的图结构和交通数据的动态时空模式表征邻居节点与预测节点间的时空相关性,提出一种基于注意力机制的时空图卷积神经网络(ASTGCN)。Song 等人[14]利用 3 个连续时间片构建局部时空图,同时使用滑动窗口分割出不同的时间周期,堆叠多个图卷积层组成时空同步图卷积网络(STSGCN),以提取长期时空相关性。

4.5 基于时空特征的评价内容情感偏向分析预测

本章介绍了一种基于时空特征的评价内容情感偏向分析预测算法。本算法考虑到时空特征对乘客最终的出行评价产生的影响,该方法结合乘客历史出行的时空性质与对文本自然语言语义信息的理解,进而学习到更加复杂维度的内容情感偏向特征空间,实现在高维特征空间中学习评价文本的特征表示,并完成对其情感偏向的分析预测。

4.5.1 整体结构

如图 4-2 所示,基于时空特征的评价内容情感偏向分析预测算法由三个模块组成:语义网络、时空网络和细粒度网络。采用特征融合的方式将上述三种网络学习到的高维特征空间的特征表达转化到同一内容情感偏向特征空间,从而精准预测乘客对某次服务的情感得分,完成共享出行下乘客的情感偏向分析预测。

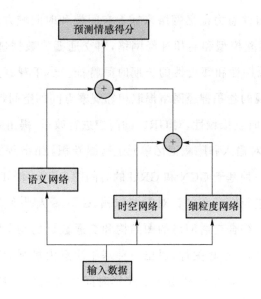

图 4-2　基于时空特征的评价内容情感偏向分析预测算法框架

提取乘客评价文本中包含的语义信息，提取出关键特征，将文本数据类型转化为内容情感偏向特征空间；将非数值类型的数据转为高维特征空间信息的特征向量，得到关于乘客的情感隐式空间特征表达，完成对乘客的情感空间分析。时空网络用于提取乘客评价文本时的时间和空间信息。时间和空间信息在乘客的共享出行中有着至关重要的影响，对相关时间段和相似地域空间下的出行效益影响进行分析预测，对数据中的时间信息和空间信息进行提取。考虑到时间的连续性特征和乘客的情感偏向特征，采用基于连续时间片的处理方法。通过对时间特征的分析，得到相邻的时间片具有相似的情感偏向规律，提升模型的泛化能力。融入共享出行时空属性特征，构建共享出行时空性质与自然语言语义信息相结合的复杂维度内容情感偏向特征空间，形成共享出行评价内容情感偏向分析预测模型。

4.5.2　语义网络

为了有效克服共享出行数据的稀疏性问题，准确获取乘客评价文本数据的语义信息，从乘客的评价信息中有效捕获乘客潜在的情感偏向，使用语言模型有效地捕获用户评价文本数据的语义信息，将文本数据转化为文本向量，映射到高维空间中。对散落在高维空间中的文本向量,使用聚类算法将距离度量较近的文本向量划分到同一个类簇,使每一个类簇代表一类用户偏好,根据每个类簇下的情报数据的数量及相关度量指标,计算出某类用户偏好的特征表示。由于共享出行的数据集存在数据不完整、用户评价信息表示模糊、缺少上下文信息等问题,因此并不能简单地使用 BERT 的手段实现文本特征提取。

在提取语义空间信息的过程中使用深度语言模型 BERT,可以准确地捕捉乘客文本评价信息的特征,将文本数据转化成文本向量,映射到语义特征空间中。对基于深度语言模型 BERT 生成的文本向量使用 Single-Pass 聚类方法,对高维向量空间中的文本向量进行余弦距离计算,以此度量不同文本之间的相似程度,将相似度高的情报信息聚集到相同的类簇下,得到所有潜在的同类用户偏好。BERT 是可微调的双向 Transformer 编码器,把 Transformer 编码器当作模型的主体结构,利用注意力手段对文本句子进行建模,借助 BERT 中文预训练模型对数据进行向量化表示,形成数据的特征表示。BERT 采用多任务学习的方法进行训练,可以得到具有丰富语义信息的词向量或句子向量,如利用已经训练好的 BERT,对乘客历史订单的评价文本进行向量化表示。BERT 不仅可以生成词向量,还可以有效解决一词多义问题。

BERT 在实际操作中是基于矩阵计算的,将全部输入拼接成向量矩阵 E 并输入编码器。多头注意力机制由 8 个自注意力机制组成,自注意力机制的输入为 3 个不同的向量矩阵:查询(Query)矩阵(Q)、键(Key)矩阵(K)和值(Value)矩阵(V)。由向量矩阵 E 分别乘以 3 个线性变阵矩阵 W^Q、W^K。利用 Q、K、V 这 3 个向量矩阵可计算出自注意力机制的输出:

$$\text{Attention}(Q, K, V) = \text{Softmax}\left(\frac{QK^T}{\sqrt{d_k}}\right) \tag{4-1}$$

其中,$Q \in \mathbf{R}^{n \times d_k}$,$K \in \mathbf{R}^{n \times d_k}$,$V \in \mathbf{R}^{n \times d_k}$,$d_k$ 为向量维度;为防止 QK^T 内积过大,除以惩罚因子 $\sqrt{d_k}$;Softmax 函数用于对 QK^T 的每个行向量进行归一化,使得每个行向量的和都为 1,计算出一个单词相对于其他单词的权重系数。全连接前馈神经的输出经过残差和层标准化运算后,其结果输入下一个编码器。其中,第一个编码器的输入为句子词向量矩阵,后续编码器的输入是前一个编码器的输出,最后一个编码器的输出就是编码器编码后的矩阵,这一矩阵将作用到每个解码器。解码器的计算过程类似于编码器,但增加了一层 Maseked 的多头注意力机制,其输出的

Maseked 矩阵作为下一子层的输入之一。BERT 最后一层输出的矩阵行列维度与 BERT 的输入矩阵相同,每个行向量表示分词的无歧义深度向量,作为下游任务的输入。因此,BERT 语言模型本身的定义是计算句子出现的概率:

$$p(S) = p(w_1,w_2,w_3,\cdots,w_m) = \prod_{i=1}^{m} p(w_i \mid w_1,w_2,\cdots,w_{i-1}) \qquad (4\text{-}2)$$

如上所述,语义网络利用 BERT 深度语言模型对评价文本进行特征提取,进而得到文本的向量化表示。由于预训练过程时间成本较大且对机器性能要求较高,因此采用了中文预训练模型——RoBERTa-wwm-ext 模型,该模型基于 whole word masking(以下简称 wwm),即全词 Mask 策略。在全词 Mask 策略中,如果一个完整的词的部分 WordPiece 子词被 mask,则该词的其他部分也会被 mask。利用 BERT-as-service 框架实现对评价文本句子编码,目标是将可变长度的句子表示为固定长度的向量。对用户的情感分析又称意见挖掘、倾向性分析等,它是对带有情感色彩的主观性文本进行分析、处理、归纳和推理的过程。在使用新媒体平台时,用户会产生大量自行参与的对人物、事件、产品等有价值的评价信息。这些评价信息表达了民众的各种情感色彩和情感倾向性,如喜、怒、哀、乐和批评、赞扬等。通过分析这些带有主观色彩的评价,可以把握民众对于某一事件的看法和情感倾向。

对乘客的评价文本进行向量语义编码和特征提取的步骤归纳如下:

(1) 将数据集中的乘客评价文本数据通过 BERT 进行预训练,包括 Masked LM 和 Next Sentence Prediction 两个子任务。在语义网络中,采用 RoBERTa-wwm-ext 预训练中文模型。

(2) 针对特定乘客评价文本(在语义网络中为常见的服务评价类的短文本),利用较少数量的评价语料库对预训练中文模型做微调,提高模型在共享出行领域评价内容的性能。

(3) 提取有效评价文本数据,开启 BERT-as-service 框架,利用该框架得到乘客评价文本数据的向量特征表示。

4.5.3　时空网络

时空网络采用时空卷积块对数据中的时间信息和空间信息进行提取。考虑到时间的连续性特征和乘客的情感偏向特征,本章采用了基于连续时间片的处理方法。通过对时间特征的分析,得到在相邻的时间片具有相似的情感偏向的规律,进而提升模型的泛化能力。采用连续的时间片可以在一定程度上减缓因时间信息导致的数据稀疏性问题。将数据集中的时间信息按照"年-月-日、小时:分钟"的格式进行处理,分别得到有关年份、月份、天和精确的时刻信息。利用这种切分方法可以降低时间维度,针对不同的数据采用不同的归一化方法更容易被模型学习到时间信息。使用多个时空组件分别挖掘周相关、日相关、邻近时间的序列数据的时空相关性。对于空间信息,地理上相近的事物往往关系更密切。在出行的数据中也观察到类似现象:空间上相邻的区域间,乘客对司机的需求以及评价都存在相似之处;大量的司机流意味着相邻的区域间具有较为密切的关系。依照真实空间的邻接关系建立地理邻接矩阵,从而就空间信息对乘客评价舆情的影响进行建模。对于任意区域 i 和 j,若它们在空间上相邻,则设置对应的 a_{ij} 为 1,否则为 0。

$$a_{ij} = \begin{cases} 1, & i \text{ 和 } j \text{ 相邻} \\ 0, & i \text{ 和 } j \text{ 不相邻} \end{cases} \qquad (4\text{-}3)$$

建立描述空间信息的邻接矩阵 $\boldsymbol{A}_{adj}$。GCN 已广泛用于提取交通图结构数据在空间域的空间特征。在时间域,大多使用长短期记忆网络,但 LSTM 网络存在复杂的门控机制,这会带来迭代训练过程耗时以及动态响应慢等问题。利用现有的基于 GCN 的时空预测方法构建城市结构图时,基于区域地理近邻关系建立图中节点(区域)之间边的关系,构建的城市结构图是一种在不同的时间间隔中保持一致的非时间特定性的静态空间图结构,不利于针对不同的时间间隔动态地提取空间相关性特征。GCN 是切比雪夫图卷积的一阶简化,忽略了一阶以上邻居节点间的有效空间信息。利用 k 阶切比雪夫图卷积改进空间图卷积层操作,采用的时空网络结构可以在有效捕捉复杂时空依赖性的基础上实现模型的快速训练以及动态变化的高效响应等。时空卷积网络块的结构如图 4-3 所示,其中包括时间门控卷积层(GLU)和空间图卷积层(1-D CNN),分别用于学习时间依赖性和空间依赖性。

考虑到相似地域下不同的乘客会存在相似的情感倾向,因此进行空间相似性度量。空间相似性由空间自相关系数度量,一般探测地理单元的属性在空间上是否存在高高(或低低)相邻分布或高低间错分布现象。需要对空间信息按照 POI 编码的形式对乘客上下车地点的经纬度进行编码,其中,地域类型表示该订单起点(终点)附近(如半径为 100 m 内)含有的各种服务类型的融合编码。对地域类型采用 8 位编码,地域类型编码字段解释如表 4-1 所示。

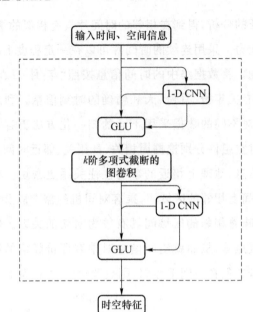

图 4-3　时空卷积网络块的结构

表 4-1　地域类型编码字段解释

地域类型编码	实际含义
1	餐饮服务(考虑大型的餐饮场所或饭店)
2	购物服务(考虑大型的购物商场)
3	医疗保健服务(医院)
4	住宿服务(考虑大型的连锁酒店)
5	风景名胜(旅游景点、博物馆)
6	交通设施服务(机场、火车站)
7	住宅
8	公司企业、政府、学校

将空间地域类型编码信息作为空间输入的部分特征以增强数据的表达能力。上述的编码方式基本覆盖了现实生活中常见的地域类型,可以对订单中的所有经纬度信息进一步提取隐式空间信息。

4.5.4　细粒度网络

文本歧义词语对文本细粒度情感分类效果存在直接影响。例如,在对司机服务的评价语句中,存在"不错""还可以"类型的评价,使人判断不清乘客的直观情感,这对文本细粒度情感分类精度存在负面干扰。在实施文本细粒度情感分类之前,使用基于信息增益改进贝叶斯模型的文本词义消去歧义方法,实现文本词义消去歧义。引入文本特征词语的位置信息,以此优化贝叶斯模型的词语分辨性能。文本特征词语位置信息能够使用信息增益最大原则对文本特征集进行优化,提高对歧义词语判断共享最显著的上下文词语的权重,以凸显它们对词义判断的价值。分析文本特征词语位置信息与词义判断问题的联系,得到位置权重,实现文本词义优化。通过改进稠密胶囊网络模型的文本细粒度情感分类方法的特别之处在于引入自注意力机制,增大需识别文本深层次特征的权值,提高文本细粒度情感分类精度。

自注意力模型能够协助胶囊网络模型在网络训练学习时着重分析文本深层次特征间的相关性,提取细粒度情感,从而在小样本条件下优化文本细粒度情感分类效果。通过计算方面词与输入句子中的其他词汇的相关性来生成对应的方面词向量,并根据该向量预测情感极性的结果,通过基于依存解析树的句法相关性或者基于注意力机制的语义相关性来实现特征提取。基于核池化的词增强的图卷积神经网络模型将共享出行的历史订单中的评价文本作为输入,经过词向量编码后送入双向长短期记忆网络,采用两个模块分别从两个方面实现对细粒度特征的处理,由注意力机制完成对特征的融合,得到细粒度的特征值,最终完成对用户和司机的细粒度画像的构建。基于核池化的词增强的图卷积神经网络模型如图 4-4 所示。

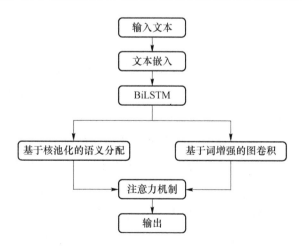

图 4-4　基于核池化的词增强的图卷积神经网络模型

在特征提取层中得到句子中每个词的嵌入向量,通过计算方面词和句子中其他特征词的词嵌入向量之间的余弦相似度,构建出词和句中其他词之间的转移矩阵 M,其中 M_{ij} 表示 v_i 和 v_j 之间的相似度,使用多个高斯核函数处理方面词的嵌入向量和输入句子中其他单词的嵌入向量之间的相似关系。高斯核函数可以实现将转移矩阵映射到多个高斯空间中,便于提取出多粒度、多角度的语义特征,计算方式如下:

$$G_i = \sum_j \sum_{n=1}^{N} K_{ij}(n) v_j \tag{4-4}$$

$$K_{ij}(n) = e^{-\frac{(M_{ij} - \mu_n)^2}{2\sigma_n^2}} \tag{4-5}$$

其中,μ_n 和 σ_n 是第 n 个高斯核的参数,N 是使用的高斯核函数的数量。基于多个核函数,学习到不同角度以及不同程度的相似关系,实现了语义匹配的多粒度、多角度,解决了主流的语义匹配机制粒度单一的缺陷;通过池化层,得到文本的多粒度、多角度的信息增强表达。在增强表达的基础上,输出模块可以做出更加正确的预测。

通过对图卷积神经网络模块进行改进,使用句法位置嵌入层以及特征词特定门控层,增强输入的常规的句子中特征词的文本表达。通过句法位置嵌入层,使模型在图卷积的学习过程中时刻意识到当前位置的单词是否方面词,该位置嵌入基于依存解析树,两节点之间的相对位置不再由句子中的直接距离来表示,而是由在依存解析树中两个单词对应的节点之间边的数量来衡量。通过方面词特定门控层,模型在图卷积过程中能更好地学习与特征词相关的特征。该子层位于每层的卷积操作之前,通过对特征词计算出特定的门控机制,使得参数在训练过程中的学习更倾向于对特征词的特征拟合,从而提升模型在数据集上的性能指标。对细粒度特征的不同方面进行特征提取后,采用注意力机制对不同特征进行融合处理。在时空网络和细粒度网络完成对特征的提取后,对上述学习到的特征进行融合,得到时空-司机特征空间,再结合语义网络得到的语义特征空间,最终整个模型学习到在时空属性下的复杂维度内容情感偏向特征空间。考虑到乘客出行时因时空特征对最终评价产生的影响,结合乘客历史的出行时空性质与对文本自然语言语义信息的理解,学习到更加复杂维度的内容情感偏向特征空间,从而在高维的特征空间中学习到评价文本的特征表示并完成对情感偏向的分析预测。

4.6　实验结果与分析

4.6.1　数据集

基于微博社交网络中针对共享出行的评价内容进行更深层次的社交网络社区挖掘,有助于更有效地了解用户的需求,研究不同偏好的用户群体的特征和规律,从而分析评价内容对共享出行相关的舆情导向的影响。本节爬取了微博上与共享出行相关词条下的部分讨论博文的链接,并对数据进行了相应处理。如果一个用户发表了一篇博文且该博文下有其他用户的评价,则在该发文用户与评价用户之间建立一条边,从而建立无向加权网络。数据集中包含评价文本、评价文本的粗细粒度情感打分、订单的时空属性等多维度的数据。对数据集中各维度的数据进行处理,得到需要的数据格式,并对文本数据计算文本内容的相似度。基于文本内容的粗粒度情感打分值,将不同用户联系起来组成一个无向网络:网络中的节点表示用户;用户之间的关系用节点与节点之间的边表示,即通过选定一个情感得分的阈值,根据该阈值来确定用户节点之间是否存在关联的边。先对从微博平台上爬取的数据集进行相应的处理,再对构造的详细数据集进行相同的处理,从而完成依靠该详细数据集的系统构建与实现。

4.6.2　模型对比结果

采用准确率和损失两个指标作为模型的评测指标。准确率(ACC)的公式如下:

$$ACC = \frac{TP+TN}{TP+TN+FP+FN} \tag{4-6}$$

损失函数为交叉熵损失函数,公式为

$$Loss = -\sum y \cdot \log y \tag{4-7}$$

将数据集按照 8∶1∶1 的切分比例分成训练集、验证集和测试集。实验中采用

的模型效果通过训练过程中训练集、验证集的准确率及损失展示,如图 4-5
和图 4-6 所示。

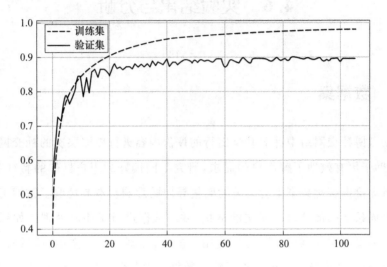

图 4-5　共享出行评价数据集的准确率

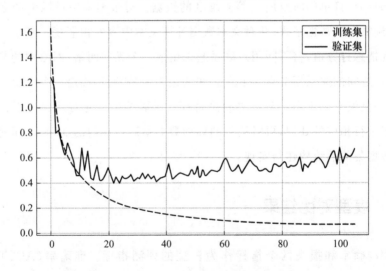

图 4-6　共享出行评价数据集的损失

　　将本章算法、BERT+RNN、BERT+CNN 以及 BERT+BiLSTM 在训练集上
进行训练,比较它们在准确率及损失两个指标上得到的结果,如表 4-2 所示。基于
时空的 GLU 网络考虑评价信息中不同的时空维度信息,通过最后的注意力机制层
注意到时空语义信息中有明显倾向的特征,证明了:结合时空网络与注意力机制模
型可以更准确地针对评价信息进行时空挖掘;而基于 RNN 的方法可能由于丢失

了长期记忆而不容易学习到时间和空间的相关性；采用 BiLSTM 的网络则能更好地提取出细粒度特征信息，可以结合文本的上下文信息，避免截断后的文本出现信息损失。

表 4-2 算法性能比较结果

评测指标	BERT+RNN	BERT+CNN	BERT+BiLSTM	本章算法
损失	1.009 4	0.954 2	0.740 2	**0.632 0**
准确率	83.02%	85.18%	88.21%	**89.52%**

本 章 小 结

语义网络用于提取乘客的评价文本中包含的语义信息；时空网络用于提取乘客评价文本中的时间和空间信息；细粒度网络则用于进行画像分析，得到细粒度特征。采用特征融合的方式将学习到的高维特征空间的特征表达转化为同一内容情感偏向特征空间，从而预测出乘客对某次服务的情感得分，完成共享出行中乘客的情感偏向分析预测，得到乘客情感倾向度的得分。通过融入共享出行时空特征，实现了将共享出行时空性质与自然语言语义信息相结合的复杂维度内容情感偏向特征空间，从而形成了共享出行评价内容情感偏向分析预测模型。

本章参考文献

[1] 江涛,李清霞,李启明.基于改进胶囊网络的文本细粒度情感分类方法[J].计算机仿真,2021,38(10):466-470.

[2] 李博,李洪莲,关青,等.基于 CNN-BiLSTM-HAN 混合神经网络的高校图书馆社交网络平台细粒度情感分析[J].农业图书情报学报,2022,34(4):63-73.

[3] 孙嘉琪,王晓晔,杨鹏,等.基于时间序列模型和情感分析的情感趋势预测[J].计算机工程与设计,2021,42(10):2938-2945.

[4] JIANG W W,LUO J Y. Graph Neural Network for Traffic Forecasting：A

Survey[J]. Expert Systems with Applications, 2022, 207: 117921.

[5] VAN DEN OORD A, DIELEMAN S, ZEN H, et al. WaveNet: A Generative Model for Raw Audio [J]. arXiv preprint, ArXiv: 1609. 03499, 2016.

[6] ZHANG J B, ZHENG Y, QI D K. Deep Spatio-Temporal Residual Networks for Citywide Crowd Flows Prediction[C]// Proceedings of the Thirty-first AAAI Conference on Artificial Intelligence. California, USA: AAAI Press, 2017,31(1): 1655-1661.

[7] ZHANG H R, WU Q T, YAN J C, et al. From Canonical Correlation Analysis to Self-Supervised Graph Neural Networks[C]// Proceedings of the 35th International Conference on Neural Information Processing Systems. Red Hook, NY, USA: Curran Associates Inc. , 2021:76-89.

[8] ATIGH M G, KELLER-RESSEL M, METTES P. Hyperbolic Busemann Learning with Ideal Prototypes[C]// Proceedings of the 35th International Conference on Neural Information Processing Systems. Red Hook, NY, USA: Curran Associates Inc. , 2021:103-115.

[9] LIN Z P, KANG Z. Graph Filter-Based Multi-View Attributed Graph Clustering[C]//Proceedings of the Thirtieth International Joint Conference on Artificial Intelligence (IJCAI-21). (Online): International Joint Conference on Artificial Intelligence, 2021: 2723-2729.

[10] SATTLER F, MÜLLER K R, SAMEK W. Clustered Federated Learning: Model-Agnostic Distributed Multitask Optimization under Privacy Constraints[J]. IEEE Transactions on Neural Networks and Learning Systems, 2020, 32(8): 3710-3722.

[11] NOWAK J, TASPINAR A, SCHERER R. LSTM Recurrent Neural Networks for Short Text and Sentiment Classification [C]//Artificial Intelligence and Soft Computing. Zakopane, Poland: 16th Internatioal Conference,2017:553-562.

[12] WU Z H, PAN S R, LONG G D, et al. Graph WaveNet for Deep Spatial-Temporal Graph Modeling[J]. ArXiv:1906. 00121, 2019.

[13] HUANG R Z, HUANG C Y, LIU Y B, et al. LSGCN: Long Short-Term

Traffic Prediction with Graph Convolutional Networks［C］//Proceedings of the Twenty-Ninth International Joint Conference on Artificial Intelligence. Yokohama,Japan:International Joint Conferences on Artificial Intelligence Organization, 2020：2355-2361.

[14] SONG C,LIN Y F,GUO S N,et al. Spatial-Temporal Synchronous Graph Convolutional Networks：A New Framework for Spatial-Temporal Network Data Forecasting［C］//Proceedings of the AAAI Conference on Artificial Intelligence. New York,USA:Association for the Advancement of Artificial Intelligence, 2020：914-921.

[15] ZHAO J L,DONG Y X,DING M,et al. Adaptive Diffusion in Graph Neural Networks［C］// Proceedings of the 35th International Conference on Neural Information Processing Systems. Red Hook, NY, USA：Curran Associates Inc. , 2021：23321-23333.

[16] 谷远利,陆文琦,李萌,等.基于组合深度学习的快速路车道级速度预测研究［J］.交通运输系统工程与信息,2019,19(4):79-86.

[17] LIN Z H,LI M M,ZHENG Z B,et al. Self-Attention ConvLSTM for Spatiotemporal Prediction［C］//Proceedings of the AAAI Conferecne on Artificial Intelligence. New York,USA:Association for the Advancement of Artificial Intelligence, 2020：11531-11538.

[18] 包银鑫,曹阳,施佺.基于改进时空残差卷积神经网络的城市路网短时交通流预测［J］.计算机应用,2022,42(1):258-264.

[19] BRUNA J, ZAREMBA W, SZLAM A, et al. Spectral Networks and Locally Connected Networks on Graphs[J]. arXiv preprint, arXiv:1312. 6203, 2013.

[20] ZHAO L,SONG Y J,ZHANG C,et al. T-GCN：A Temporal Graph Convolutional Network for Traffic Prediction［J］. IEEE Transactions on Intelligent Transportation Systems, 2019, 21(9)：3848-3858.

[21] GUO S N,LIN Y F,FENG N,et al. Attention Based Spatial-Temporal Graph Convolutional Networks for Traffic Flow Forecasting［C］//Proceedings of the AAAI Conference on Artificial Intelligence. New York,USA:Association for the Advancement of Artificial Intelligence, 2019：922-929.

第 5 章
共享出行评价的舆情分析

5.1 引　言

随着互联网、社交网络以及新媒体技术的发展,越来越多的人选择在网络平台分享自己的生活、与人交流、参与热点话题的讨论等。网络社交在使信息传递、沟通交流更加方便、快捷的同时,其与商务、云服务等应用广泛融合,并通过其他应用的用户基础,形成强大的关系链,从而实现在线社会信息的广泛、快速传播,使得当今社会各类网络舆情事件层出不穷,给企业甚至社会带来了不同程度的影响。本章基于网络大数据,分析研究多种主客观因素在网络热点事件的不同发展阶段对舆情传播的影响,构建综合评价模型,探究网络事件舆情引导的最优控制手段。为了准确判断共享出行评价内容的舆情,本章在对评价内容情感倾向分析和多属性联合情感分析的基础上,构建评价内容情感倾向与共享出行关系下的舆情共现模型,进而评估相关舆情。以共享出行服务平台为例,挖掘细粒度评价内容包含的舆情,从共享出行评价内容、行程轨迹等维度构建出行评价内容的舆情分析模型;建立舆情预测模型,分析带有舆情的评价在时空属性下的关联程度,挖掘并预测有关舆情以及共享出行评价在时空属性下的关联度分析。

5.2 网络舆情分析

5.2.1 舆情分析

大数据背景下,网络舆情的传播速度快、信息量大,社会影响力也越来越大。然而,大多数网民由于对信息缺乏判断力,容易被一些虚假的、不良的舆情迷惑。如果任由这些负面舆情在网络上传播并形成群体效应,则可能激发社会矛盾。但是,如果能提前做好对网络舆情发展趋势的监测和引导,则可以降低危害社会公共安全的群体事件发生的概率。对网络舆情发展趋势的预测研究便于相关部门及时制定对策,维持良好的社会秩序。舆情产生后在网络中容易被不断发酵,原始舆情在多方面因素的综合影响下可能形成多个不切实际的网络谣言。在信息传播的过程中,随着谣言的不断产生和扩散,网络舆情呈现出信息异化的典型特征。如果监管部门不采取措施对舆情进行及时干预,舆情的传播会导致网络集群行为的发生,易产生负面的社会影响,威胁公共安全。

对舆情进行监控并建立谣言预警机制是进行立体化防控、维护社会稳定的关键。在网络舆情发展的初期及时对其趋势进行科学、有效的预测,会对舆情预测工作起到帮助作用。现有的相关研究工作大多基于热度指标的预测,如点击量、评论量和转发量等,这些指标在一定程度上能通过大众对事件的关注程度反映出舆情事件的发展趋势,但难以反映大众在舆情发展过程中的态度变化。态度变化即情感变化,是指大众对本次舆情事件的观点和情感的具体变化。了解大众情感变化的意义主要表现在:政府可以掌握社会舆情的动向,发现社会中存在的问题与矛盾,及时对负面舆情进行引导;企业可以根据用户对企业负面舆情持有的态度,及时制定相应的公关策略,也可以获取用户的消费兴趣;通过预测事件的情感发展趋势把握大众的态度变化,进而反映舆情事件的趋势(体现在共享出行评论舆情分析这一场景中,共享出行企业需要及时识别出行评论舆情模式,针对不同舆情调整出行服务策略)。

情感倾向性预测一直是研究的热点问题,通过预测情感倾向性(如用户对产品的评价等)可以把握事件整体走向。大众对舆情事件的情感态度在大多数情况下都表现出同种倾向,很少会随着事件的发展呈现不同的情感倾向。评价内容的形式多种多样,不受任何限制,用户可以对自己关注的主题或话题表达观点,不仅可以通过文字形式简明扼要地表达观点,也可以通过图片、视频、文字、超链接等其他表达方式表达观点。内容简短是评论文本的一大特征,这是因为评价时通常有字数限制,要求发布者使用精简的语言。评价文本常采用口语化的表达方式,不需要严谨的逻辑结构和细致入微的描述分析作为支撑。Wang 等人[1]通过定价策略与技术层次进行满意度分析;Shaaban 与 Kim[2]对出租车乘客的满意度从安全性与实效性等五个维度进行分析;朱乔[3]结合结构模型,从安全性等多方面对网约车的满意度进行分析。利用网络舆情倾向指导实际工作,已经成为文本情感分析非常重要的应用方向[4-7]。

RNN 在命名实体识别任务上被广泛应用。CNN 虽然取得了较好的效果,但因为网络结构的原因,其更适合的应用领域是图像处理。由于文本是序列输入的方式,而 RNN 神经网络采用递归的方式,因此其更适合处理此类问题。在命名实体识别领域上,主要利用 RNN 的变体——长短期记忆网络:第一部分工作利用双向长短期记忆网络(BiLSTM)对序列进行标注,从而进行实体识别,取得了较好的效果;第二部分工作采用双向 LSTM-CRF 神经网络,同时利用字符级和部首级表示特征,解决了目前算法需要人工特征和特定领域的知识才能实现高性能的问题;第三部分工作提出了 Lattice LSTM 模型,在中文命名实体识别的同时考虑字符和词序列信息,获得了最佳的识别效果。由于 BERT 预训练模型在自然语言处理领域的出色表现,卷积神经网络(CNN)和循环神经网络(RNN)相结合的混合网络在进行文本情感分类的下游任务中受到了越来越多的关注[8]。

5.2.2 评论分类与挖掘

情感分类是情感分析的基础。传统的文本分类只关注文本的客观内容,而情感分类更多地研究表达的情感倾向。文本情感分类的研究分为 3 个技术层次:基于情感词典的情感分类方法、基于机器学习的情感分类方法和基于深度学习的情感分类方法。

基于情感词典的情感分类方法主要将文本中使用的词与词典进行匹配,通过处理命中词典的情感词集来分析文本的整体情感倾向。Chen 等人[9]使用情感词汇在词汇层面量化文本的情感强度,根据情感词典中的词数和前相关副词的权重,得到了文本的整体情感得分。Yang 等人[10]通过 SO-PMI 算法挖掘视频评论的情感倾向,基于标准情感词典对视频评论领域的情感词典进行归纳和整理。Zhang 等人[11]使用情感词典分析视频弹幕的情感,通过 Word2vec 算法扩展词典。曾雪强等人[12]主要通过情感词典研究文本情感分布,并在心理学模型的基础上提出了基于情感轮的分布标记增强方法,该方法在七个常见的中英文本情感数据集上都有良好的表现。

基于机器学习的情感分类方法主要有 k-近邻、朴素贝叶斯和支持向量机。Ajitha 等人[13]基于词袋提出基于机器学习算法的融合技术,着重解决了数据过载问题。Ugochi 等人[14]基于 twitter 数据集用 LDA 提取得到主题,通过 logistic 回归对配电公司收到的评价进行了情感分析,并将分析结果与朴素贝叶斯、k-近邻和 SVM 三类分类器的结果做了对比,说明了 logistic 回归的优越性。与基于情感词典的方法相比,机器学习模型不依赖人工构造,减少了主观性,分类模型可以通过数据库及时更新。

深度学习是多层神经网络在学习中的应用[15-20]。Shao[21]结合了 BERT 和 text-CNN 模型,并通过外卖评价数据集验证了该方法的有效性。Xu 等人[22]基于分层式 CNN 的长文本情感分类模型,通过向 CNN 中引入位置编码和注意力机制,构建了一种分层式分类模型 pos-ACNN-CNN,在 IMDB 影评数据集上取得了良好的效果。潘等人[23]提出了一种结合广义自回归预训练语言模型 XLNet 与循环卷积神经网络 RCNN 的文本情感分析方法。Yue 等人[24,25]通过 BiLSTM 网络实现了情感分析,在词向量进入神经网络之前,通过预注意力机制增加了关键词词向量的权重。Liao 等人[26]将 GNN 应用于文本情感分析。韩萍等人[27]向 BiLSTM 网络引入了变分自编码生成模型从而形成半监督的文本分类模型。Yan 等人[28]构建了基于 CNN 和 BiGRU 的双通道特征提取模型,比较了不同预训练单词嵌入模型的性能。Deng 等人[29,30]使用了一个整合 CNN 和 RNN 的网络,改进了文本局部信息的提取。Xu 等人[31]在使用 CNN 和 BiGRU 作为特征提取网络的基础上,引入胶囊结构作为分类器,对文本情感进行分类。Zhang 等人[32,33]通过集成注意力机制和胶囊结构,使用基于多头自注意的特征提取器和胶囊结构作为分类器,在小样本数据集和跨域迁移方面具有良好的性能。

景丽等人[34]通过结合情感词典和机器学习方法,使用 Word2vec 和 SO-PMI 算法结合的领域扩充情感词典,以 SVM 为基础构建一个自监督的分类器。罗浩然等人[35]将情感词典和深度学习方法相结合,将情感词典特征和残差网络结构引入 Bi-LSTM 网络结构,通过 LSTM 减少情感词典的编译量,与标准 LSTM 和 BERT 相比,模型性能得到了改善。Duan 等人[36]提出了一种基于 BERT 和自适应情感词典的层次分类器,在 BERT 模型分类后,利用情感词典处理提高分类概率的分类精度。杨书新和张楠[37]主要将情感词典应用于单词嵌入,通过情感词典初步筛选文本单词,使用 char-CNN 嵌入单词,使用 ELMo 模型对文本进行分类。徐康庭等人[38]利用情感词典和语义规则提取出文本中的关键情感信息,利用深度学习模型处理原始文本和情感片段。Genc-Nayebi 和 Abran[39]从评论挖掘技术、领域依赖、评论有用性、垃圾评论识别和软件特征提取方面展开研究,揭示了评论挖掘的主要研究问题。Tavakoli 等人[40]针对评论挖掘技术和工具进行讨论,将评论挖掘技术分为有监督的机器学习技术、自然语言处理技术和特征提取技术。张季等人[41]强调了用户评论在移动应用开发和进步中具有不可忽视的作用,从文本分析的角度将评论挖掘分为分类、聚类和特征抽取。甘子琴[42]通过构建服务蓝图、绘制关键词共现社会网络等方法,挖掘服务质量问题,在产品、员工、平台等多方面给出优化建议。周瑛等人[43,44]通过词频、词云的分析挖掘产品特征,进而分析消费者偏好,实现了通过评论挖掘为平台和用户提出解决问题的方法的目标。

5.2.3 多标签分类

文本分类在文本处理中的应用非常广泛,如垃圾过滤、新闻分类、词性标注等,用于提取分类数据的特征,选择最优的匹配进行分类。根据文本的特点,文本分类的流程为:预处理、文本表示及特征选择、构造分类器和分类。常用的文本表示是向量空间模型,即把文本分词后的每个词看成一个向量中的一个元素,用词出现的频率来表示文本。常用的特征有 TF/IDF、互信息量、信息增益、卡方统计量等。特征提取能够从现在的特征重构出一个新的特征,这个新的特征维数小于原特征维数。常用的方法有潜在语义分析和奇异值分解。其中,奇异值分解通过将原始矩阵分解成小矩阵的方式获取文本潜在的语义信息。

分类任务是人工智能的一项传统任务,现实中的大量事务存在多个标签,多标签分类的目的是给定一个样本,获取样本的标签集合。在多标签分类任务中可以利用标签之间的关联,通过在标签空间中进行稀疏重构来学习标签相关性,并将学习到的标签相关性整合到模型训练中。许多标签样本不足,常使用特征空间中的结构信息和标签空间中的局部相关性来增强标签。利用关于成对标签共存的信息在共同训练分类器之间传播所选样本的标签。近年来,图学习发展迅速,可以使用注意力机制计算邻域中不同节点的权重,而无需依赖图的全局结构。根据单词共现和文档单词关系,为语料库构建单个文本图学习文本图卷积网络;基于GraphSage,利用 BiLSTM 作为聚合函数获得的二阶特征来捕获依赖关系;利用共现信息对标签图进行建模,在最终的叠加图上应用多层图卷积进行标签嵌入。与传统的多标签分类任务不同,在分层多标签任务中标签被组织成一个层次结构,考虑到单词之间的概念关系,可以形成层次结构,从单词层次结构映射到标签层次结构。利用多个线性层(对应于类别层的数量),每个层中都含本地输出,能够优化局部层的损耗和最终输出的整体损耗,结合父标签对子标签的潜在贡献以评估每个标签的置信度。

5.3 共享出行评价的舆情分析模型

5.3.1 评价情感倾向与共享出行关系下的舆情共现模型

本章提出了一种基于胶囊网络和情感词典的文本情感分类模型(SCCL)来分析在线出行评价,引入卷积单元增强局部特征的学习,使用情感词典为模型提供更充分的语义特征。当将传统的 CNN 应用于 NLP 任务时,由于卷积核大小和池化层应用的限制,因此会有大量的空间特征丢失,将其添加到模型中会影响 BERT 和 BiGRU 带来的丰富的上下文信息。由于情感词汇的泛化能力很差,人工构建适合该领域的词典费时费力,且主观性强,因此这将影响分类模型的最终效果。以微博评论为例,使用胶囊单元代替传统的卷积神经元,基于 SO-PMI 算法,选择情感种子词扩展领域词典,获得适合微博评价的情感词典;在标记的微博评论公共数据集上验证本章方法的有效性,将其与伯特分类模型进行了比较;通过爬虫软件在社交平台上对与共享出行相关的评论进行爬取,并对其进行筛选和手动标记,从而完成共享出行评价的情感分类。为了准确判断共享出行评价内容的舆情,通过对评价内容情感倾向进行分析,结合共享出行评价内容、行程轨迹等方面的维度构建出行评价内容的舆情。本章构建的评价情感倾向与共享出行关系下的舆情共现模型SCCL 的框图如图 5-1 所示。该模型能够根据评价文本结合情感词典实现文本的情感分类,结合时空信息、用户信息等辅助情感分类实现评价内容情感倾向与共享出行关系的舆情共现。

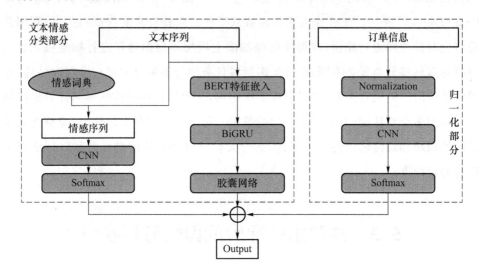

图 5-1   SCCL 的框图

文本情感分类部分主要包含两部分。一部分基于情感词典为文本情感分类模型提供更多的情感语义信息,对文本序列进行分词并去除停用词,利用情感词典对文本情感信息词进行匹配,将命中的情感特征词组合成情感序列并通过 Word2vec 算法完成嵌入,通过 CNN 和 Softmax 的特征提取网络提取情感语义特征。另一部分将直接处理完整的文本序列,通过混合网络对文本序列进行特征提取,使用 BERT 特征嵌入代替分词进行字符级嵌入,使用 BiGRU 和胶囊网络的组合网络提取文本上下文特征。综合情感语义特征和文本上下文特征,对输出进行整合。在归一化部分对订单信息进行建模,转换为易于分类的形式,使用 CNN 提取订单信息的特征,利用 Softmax 进行分类并与文本情感分类的结果进行整合。GRU 是一种简化和改进的 LSTM 神经网络模型。LSTM 模块由 3 个选通单元组成:输入门、遗忘门和输出门。在 GRU 神经网络中,LSTM 中的 3 个单元被更新门 z_t 和重

置门 r_t 替换。模型的参数和张量减少,使得 GRU 比 LSTM 更简洁高效。GRU 通过当前输入 x_t 和从上一个节点传下来的隐藏状态 h_{t-1} 获得 z_t 和 r_t 的门控信息。计算公式如式(5-1)和式(5-2)所示,其中 σ 是 Sigmoid 激活函数,W_z 和 W_r 分别是两个门的权重参数。

$$z_t = \sigma(W_z(h_{t-1}, x_t)) \tag{5-1}$$

$$r_t = \sigma(W_r(h_{t-1}, x_t)) \tag{5-2}$$

在获得选通信息后,当前输入 x_t 与重置门拼接,激活当前隐藏节点 $\widetilde{h_t}$ 的输出——tanh 激活函数。计算公式如式(5-3)所示,其中 W 是隐藏层的权重参数。

$$\widetilde{h_t} = \tanh(W(r_t h_{t-1}, x_t)) \tag{5-3}$$

根据更新门 z_t 的状态更新隐藏层 h_t,更新方式如式(5-4)所示。

$$h_t = (1 - z_t)h_{t-1} + z_t \widetilde{h_t} \tag{5-4}$$

在 GRU 中,状态的传输是从前到后的单向传输,当前时间的输出不仅与前一个状态有关,还与后一个状态有关,因此判断一个多义词的情感极性不仅需要先前的判断,还需要后续的文本内容。BiGRU 的出现解决了这个问题。SCCL 模型使用 BiGRU 网络从输入矩阵 X 学习全局语义信息。在训练过程中,网络使用两个 GRU 模型沿文本序列的前后方向建模情感,输出隐藏层 H_t,具体计算过程如下:

$$h_t^{\rightarrow} = \text{GRU}(X, h_{t-1}^{\rightarrow}), \quad t \in [1, L] \tag{5-5}$$

$$h_t^{\leftarrow} = \text{GRU}(X, h_{t-1}^{\leftarrow}), \quad t \in [L, 1] \tag{5-6}$$

$$H_t = [h_t^{\rightarrow}, h_t^{\leftarrow}] \tag{5-7}$$

其中,$h_t^{\rightarrow} \in \mathbf{R}^{L \times d}$ 是词向量矩阵 X 与前置信息 h 融合的情感特征表示,$h_t^{\leftarrow} \in \mathbf{R}^{L \times d}$ 表示词向量矩阵 X 与后续情感特征的融合,d 表示 GRU 单元的输出向量维数。$H_t \in \mathbf{R}^{L \times 2d}$ 将二者串联在一起,在 BiGRU 层融合上下文情感信息作为输入文本的特征。

胶囊网络的思想是用胶囊层代替传统的卷积神经元。胶囊层由神经元组成,除了普通神经元能接受的一系列标量和输出标量,胶囊层的全连接层还能接受一系列向量和输出向量。胶囊是一个包含多个神经元的载体,每个神经元表示图片中出现的特定实体的属性,以向量的形式进行表达。胶囊层的内部结构不同于普通神经元。在胶囊层结构中,主胶囊层通过通道切割将特征向量划分为多个主胶囊。主胶囊进入路由胶囊层后,通过仿射变换对位置信息进行编码,如式(5-8)所示,其中,u_i 表示第 i 个主胶囊,$\overline{u_{j|i}}$ 表示 u_i 的高层胶囊之一,W_{ij} 表示作用于 u_i 上的

仿射度量。

$$\overline{u_{j|i}} = W_{ij}u_i \tag{5-8}$$

胶囊网络根据式(5-9)动态路由高级胶囊,其中,动态路由是基于权重 c_{ij} 的加权和,权重 c_{ij} 的计算方法如式(5-10)所示。c_{ij} 用于确定该层的仿射矩阵投影处理后的向量如何影响下一层的向量。与传统神经元不同,动态路由不需要偏差。

$$s_j = \sum_i c_{ij}\, \overline{u_{j|i}} \tag{5-9}$$

$$c_{ij} = \exp(b_{ij}) \backslash \sum_k \exp(b_{ik}) \tag{5-10}$$

动态路由的关键是确定权重系数 c_{ij}。对于使用最大池的普通神经元,只有一个值可以进入下一层,即当 c_{ij} 是一个热向量时。胶囊层使用一种称为协议路由的方法,该方法以类似的聚类方式为向量赋予权重,这一过程通过 Softmax 对从低级胶囊 i 到高级胶囊 j 的先验概率 b_{ij} 进行操作来完成。底层胶囊和上层胶囊之间的权重值取决于底层向量与高层向量之间的相似程度,越相似则权重越大。在投影后的每个空间中,更多聚集向量的权重将增加,可以提取所有向量的主要特征。胶囊网络使用式(5-11)所示的唯一激活函数进行挤压。

$$v_j = \frac{\|s_j\|^2}{1+\|s_j\|^2} \frac{s_j}{\|s_j\|} \tag{5-11}$$

挤压是一种归一化操作,它将每个向量取为 0 到 1 之间的值,而不影响方向。在式(5-11)中,前一项表示向量中包含的特征被高层网络感知的概率,后一项是保持方向的单位向量。

5.3.2 基于 SO-PMI 算法扩展领域词典

传统的情感词汇的缺点如下:(1)传统的情感词汇只能识别有限数量的情感词,然而汉语词汇具有多义性和模糊性,同一个词在不同领域的含义可能不同,尤其是在社交媒体环境下的文本情感分析中;(2)社交媒体环境下文本中存在大量新词,而传统的情感词汇很难发现新词;(3)社交媒体的文本内容具有很强的领域特征,传统的情感词汇可能会带来严重的信息误判;(4)不同领域的情感词汇不同,需要为微博评论文本领域构建一个独特的领域情感词典。为了识别在线评论领域中的特殊情感词,本章采用 TF-IDF 和 SO-PMI 相结合的方法对情感词库进行扩展。与传统的 SO-PMI 相比,本章方法考虑更多情感词的语义信息,减少人工开销。

TF-IDF 算法是一种统计方法,用于评估单词相对于整个语料中特定文本的重要性。PMI 用来衡量两个词之间的相关性。计算公式如式(5-12)和式(5-13)所示,其中 PMI(w_1,w_2)表示单词 w_1 和 w_2 出现在同一文本中的概率,$P(w_1)$和 $P(w_2)$分别表示 w_1 和 w_2 出现的概率。SO-PMI 算法根据单词的 PMI 值判断一个单词更可能属于积极单词还是消极单词。

$$PMI(w_1,w_2) = \log_2\left[\frac{P(w_1,w_2)}{P(w_1)P(w_2)}\right] \tag{5-12}$$

$$SO\text{-}PMI(word) = \sum_{seed \in Pos} PMI(word, seed) - \sum_{seed \in Neg} PMI(word, seed) \tag{5-13}$$

根据 TF-IDF 值对语料库中的单词进行排序,选择 100 个最重要的高频情感单词。这 100 个高频情绪词包括 50 个积极情绪词和 50 个消极情绪词,分别用 Pos 和 Neg 表示。将这 100 个情感词作为情感种子词,计算语料库中单词的 SO-PMI 值,选择情感倾向最明显的 60 个积极词和 60 个消极词并添加到情感中,形成领域词典。TCN 引入了膨胀卷积。膨胀卷积通过在标准的卷积核中注入空洞,来增加模型的感受域,它能在不增加参数量的前提下减少因果卷积的深度。

5.4 实验结果与分析

本章使用的模型训练文本数据集为微博评论数据集。数据集的分类如表 5-1 所示。

表 5-1 数据集的分类

数据集	分类	标签	数量
训练集	Null	0	13 993
	Like	1	6 697
	Sad	2	5 348
	Disgust	3	5 978
	Anger	4	3 167
	Happiness	5	4 950

数据集	分类	标签	数量
	Null	0	700
	Like	1	200
	Sad	2	300
测试集	Disgust	3	300
	Anger	4	200
	Happiness	5	300

情感词及其相关情感资源的集合称为情感词典,它是文本情感分析和挖掘的重要支持资源。实验中使用的汉语情感词汇包括汉语积极评价词、汉语消极评价词、汉语积极情感词和汉语消极情感词。将 SCCL 模型中最后一层的特征提取网络分别设置为 CNN、Multi-head CNN、TCN 和胶囊网络,各文本序列特征提取网络对比结果如表 5-2 所示。

表 5-2　各文本序列特征提取网络对比结果

模型	准确率/%	召回率/%	F1 值
CNN	48.68	44.67	46.59
Multi-head CNN	51.11	48.40	49.72
TCN	48.92	46.10	47.47
胶囊网络	**52.45**	**49.63**	**51.00**

胶囊结构的整体性能优于 CNN 和 TCN,这源于胶囊结构能够更好地保留特征向量的时空信息,确保特征不会在深层网络中丢失。虽然 CNN 通过多头机制尽可能地扩展了感受野,但不同感受野并联的卷积结果不够灵活,效果不如胶囊网络。针对情感序列进行特征提取,分别采用 CNN、Multi-head CNN、TCN 和胶囊网络进行对比实验,实验结果如表 5-3 所示。

表 5-3　各情感序列特征提取网络对比结果

模型	准确率/%	召回率/%	F1 值
胶囊网络	52.27	50.04	51.13
Multi-head CNN	52.09	47.34	49.60
TCN	52.01	47.95	49.90
CNN	**52.45**	**49.63**	**51.00**

由于情感序列只由一些断续的情感词组成,因此上下文特征比文本序列弱。将 SCCL 模型中的简单卷积替换为多头卷积、胶囊卷积和时间卷积进行比较。为了验证 SCCL 模型的有效性,本章进行了消融实验,实验结果如表 5-4 所示。可以得到 SCCL 模型在提取特征方面优于 BERT 直接分类网络或在 BERT 进行特征嵌入后仅用 BiGRU 进行特征提取的情况。与情感词典的引入相比,胶囊网络的引入带来了更大的改进。情感词典的引入受到情感词典质量的限制,使用的情感词汇只包含单词的情感极性,但实际的分类任务有五个类别,其中积极情绪和消极情绪分别分为两类和三类,这限制了分类的准确性。因此,使用具有领域扩展的词典的方法效果好于普通词典和没有词典的方法。

表 5-4 微博评论数据集的消融实验结果

模型	准确率/%	召回率/%	F1 值
BERT	50.04	46.01	47.94
BERT-BiGRU	51.05	47.37	49.14
BERT-CapsuleNet	50.75	47.11	48.86
BERT-BiGRU-CapsuleNet	51.63	48.43	49.98
BERT-BiGRU-Normal Lexicon	51.00	46.89	48.86
BERT-BiGRU-Expanded Lexicon	51.15	47.82	49.43
SCCL	**52.45**	**49.63**	**51.00**

本 章 小 结

为了准确判断和预测共享出行评价内容的舆情,本章围绕共享出行评价的文本内容搭建文本情感分析网络,在文本分析网络中引入时间、行程轨迹等维度构建出行评价内容的舆情共现模型。针对舆情分析需求,使用搭建的出行评价内容的舆情共现模型在数据集上进行预测,实现了个性化的信息输入情感分析以及评价在时空属性下的关联程度分析。

本章参考文献

[1] WANG X L,HE F,YANG H,et al. Pricing Strategies for A Taxi-Hailing Platform[J]. Transportation Research,2016,93：212-231.

[2] SHAABAN K,KIM I. Assessment of the Taxi Service in Doha[J]. Transportation Research,2016,88：223-235.

[3] 朱乔. 基于结构方程模型的网约车乘客满意度研究[D]. 西安：长安大学,2017.

[4] SHI W,XUE G C,HE S Y. Literature Review of Network Public Opinion Research from the Perspective of Sentiment,Documentation [J]. Information & Knowledge,2022,39(1)：115-118.

[5] KOU F F,DU J P,HE Y J,et al. Social Network Search Based on Semantic Analysis and Learning[J]. CAAI Transactions on Intelligence Technology,2016,1(4)：293-302.

[6] LI A,DU J P,KOU F F,et al. Scientific and Technological Information Oriented Semantics-adversarial and Media-adversarial Cross-media Retrieval [J]. arXiv preprint,arXiv：2203.08615,2022.

[7] YANG Y H,DU J P,PING Y. Ontology-based Intelligent Information Retrieval System[J]. Journal of Software,2015,26(7)：1675-1687.

[8] SONG G Y,CHENG D,ZHANG S,et al. A Model of Textual Emotion Score Calculation Based on the Emotion Dictionary[J]. China Computer & Communication,2021,33(22)：56-58.

[9] CHEN Z G,YUE Q. Review of Research on Application of Deep Learning Network Model in Text Sentiment Classification Task[J]. Library and Information Studies,2022,15(1)：103-112.

[10] YANG L Z,ZHAI T Z. Research on Affective Tendency Based on Affective Dictionary[J]. Network Security Technology & Application,2022,3(21)：53-56.

[11] ZHANG T,NI Y,MO T. Sentiment Curve Clustering and Communication Effect of Barrage Videos[J]. Journal of Computer Application, 2022, 21(15): 1-20.

[12] 曾雪强，华鑫，刘平生，等. 基于情感轮和情感词典的文本情感分布标记增强方法[J]. 计算机学报，2021，44(6)：1080-1094.

[13] AJITHA P. Design of Text Sentiment Analysis Tool using Feature Extraction Based on Fusing Machine Learning Algorithms[J]. Journal of Intelligent & Fuzzy Systems, 2021, 40(4): 6375-6383.

[14] UGOCHI O. Customer Opinion Mining in Electricity Distribution Company using Twitter Topic Modeling and Logistic Regression[J]. International Journal of Information Technology, 2022, 12(8): 1-8.

[15] FANG Y K,DENG W H,DU J P,et al. Identity-aware CycleGAN for Face Photo-sketch Synthesis and Recognition[J]. Pattern Recognition, 2020, 102: 107249.

[16] LI W L,JIA Y M,DU J P. Distributed Consensus Extended Kalman Filter: a Variance-Constrained Approach[J]. IET Control Theory & Applications, 2017, 11(3): 382-389.

[17] XU L,DU J P,LI Q P. Image Fusion Based on Nonsubsampled Contourlet Transform and Saliency-motivated Pulse Coupled Neural Networks[J]. Mathematical Problems in Engineering, 2013: 135182.

[18] LIN P,JIA Y M,DU J P,et al. Average Consensus for Networks of Continuous-time Agents with Delayed Information and Jointly-connected Topologies[C]// 2009 American Control Conference. St. Louis,MO,USA: IEEE, 2009: 3884-3889.

[19] MENG D Y,JIA Y M,DU J P. Consensus Seeking via Iterative Learning for Multi-agent Systems with Switching Topologies and Communication Time-delays[J]. International Journal of Robust and Nonlinear Control, 2016, 26(17): 3772-3790.

[20] LI M X,JIA Y M,DU J P. LPV Control with Decoupling Performance of 4WS Vehicles under Velocity-varying Motion[J]. IEEE Transactions on

Control Systems Technology，2014，22(5)：1708-1724.

[21] SHAO H. Sentiment Analysis of Chinese Short Text Based on BERT-TextCNN[J]. China Computer & Communication，2022，34(1)：77-80.

[22] XU Y Z,LIN X,LU L. Long Text Sentiment Classification Model Based on Hierarchical CNN［J］. Computer Engineering and Design，2022，43(4)：21-26.

[23] 潘列,曾诚,张海丰,等.结合广义自回归预训练语言模型与循环卷积神经网络的文本情感分析方法[J].计算机应用,2022,51:1-9.

[24] YUE W,ZHU C M,CAO Y S. BiLSTM Chinese Text Sentiment Analysis Based on Pre-attention［J］. World Scientific Research Journal，2021，7(6)：33-42.

[25] LU X X,ZHANG H. Sentiment Analysis Method of Network Text Based on Improved AT-BiGRU Model［J］. Scientific Programming，2021，12：1-11.

[26] LIAO W X. Multi-level Graph Neural Network for Text Sentiment Analysis[J]. Computers and Electrical Engineering，2021，92：1-8.

[27] 韩萍,刘爽,贾云飞,等.基于变分自编码的半监督微博文本情感分析[J].计算机应用与软件,2021,38(12):280-285.

[28] YAN C T,HE L L. Research on Text Sentiment Analysis of Dualchannel Neural Model Based on BERT[J]. Intelligent Computer and Applications，2022,12(5)：16-22.

[29] DENG H J,ERGU D,LIU F Y,et al. Text Sentiment Analysis of Fusion Model Based on Attention Mechanism［J］. Procedia Computer Science，2022，199：741-748.

[30] LI Z F,YANG Y Q,WU L P,et al. Study of Text Sentiment Analysis Method Based on GA-CNN-LSTM Model[J]. Journal of Jiangsu Ocean University，2021，30(4)：79-86.

[31] XU L. Short Text Sentiment Analysis Based on Self-attention and Capsule Network[J]. Computer and Modernization，2020,(7)：61-64.

[32] ZHANG L K. Capsule Text Classification Method Combining GRU and

Attention Mechanism[J]. Technology Innovation and Application，2022，12(5)：15-17.

[33]　HU C T，XIA L L，ZHANG L，et al. Comparative Study of News Text Classification Based on Capsule Network and Convolution Network[J]. Computer Technology and Development，2020，30(10)：86-91.

[34]　景丽，李曼曼，何婷婷. 结合扩充词典与自监督学习的网络评论情感分类[J].计算机科学，2020，47：78-82.

[35]　罗浩然，杨青. 基于情感词典和堆积残差的双向长短期记忆网络的情感分析[J].计算机应用，2022，34：1-11.

[36]　DUAN R X. Sentiment Classification Algorithm Based on the Cascade of BERT Model and Adaptive Sentiment Dictionary［J］. Wireless Communications & Mobile Computing，2021：8785413.

[37]　杨书新，张楠. 融合情感词典与上下文语言模型的文本情感分析[J]. 计算机应用，2021，41(10)：2829-2834.

[38]　徐康庭，宋威.结合语言知识和深度学习的中文文本情感分析方法[J].大数据，2022，4：1-16.

[39]　GENC-NAYEBI，ABRAN A. A Systematic Literature Review：Opinion Mining Studies from Mobile App Store User Reviews[J]. Journal of Systems and Software，2017，125(7)：207-219.

[40]　TAVAKOLI M，ZHAO L P，HEYDARI A，et al. Extracting Useful Software Development Information from Mobile Application Reviews：A Survey of Intelligent Mining Techniques and Tools[J]. Expert Systems with Applications，2018，113(4)：186-199.

[41]　张季，康乐乐，李博. 移动应用评论挖掘研究综述[J]. 知识管理论坛，2021，6(6)：339-350.

[42]　甘子琴. 基于在线评论挖掘的旅游电子商务服务质量研究——以"携程旅行网"为例[J]. 中国集体经济，2021(13)：71-73.

[43]　周瑛，张晓宇，虞小芳. 基于产品评论挖掘的消费者偏好分析[J]. 情报科学，2022，40(1)：58-65.

[44]　徐恒，张梦璐，钟镇. 我国评论挖掘与情感分析领域研究现状[J]. 吉林师范大学学报(自然科学版)，2020，41(3)：51-61.

第 6 章

共享出行评价的舆情传播分析

6.1 引　　言

　　随着互联网和新媒体的发展,从网络论坛、网络舆情传播力度跟帖、网络评论频道、博客舆情传播力度评论、到微博舆情传播力度评论、微信舆情传播力度评论,越来越多的民众涌入媒介表达观点。由于共享出行普及率高,人身安全等人们重点关注的话题相关度较高,因此共享出行评价内容的舆情传播趋势、传播关系以及引导的方法更加值得关注。利用信息传播理论,识别出具体评论信息的时空节点,从出行关联性、服务者关联性等角度进行多维度舆情传播分析,预测相关评论传播影响力大小和发展趋势与分析传播关系,并从共享出行平台的供需角度分析相关评价的舆情传播。

6.2　网络舆情传播分析

　　传播力是指传播者和受众成功地对信息进行编码和解码的能力,是对一定覆盖范围内的目标受众形成潜在影响的一种能力。情感分析作为自然语言处理的重要的分支,为分析海量的舆情传播力度文本情感类型提供了有效的研究手段。由于共享出行评价文本的词汇场景性和文本噪声较大,将情感分析模型应用于舆情传播力度时,模型的准确率较差,因此需要对网络论坛舆情传播力度评论、网络舆情传播力度跟帖、网络评论频道、博客舆情传播力度评论以及微博舆情传播力度评论、微信舆情传播力度评论等进行分析。目前的主要方式有基于机器学习的方法、基于深度学习的方法、基于情感词典的方法等[1-7]。

6.2.1 基于机器学习的情感分析

基于机器学习的情感分析法采取传统的机器学习算法提取并拟合文本特征[8]。通过数据库对词库进行及时更新,比基于情感词典的方法节省了大量人力。k 近邻(k-Nearest Neighbor,KNN)算法[9]、朴素贝叶斯(Naive Bayesian,NB)[10]和支持向量机(Support Vector Machine,SVM)[11]是常用的学习算法。SVM 和 NB 对于文本数据的分类效果较好[12]。Atteveldt 等人[13]提出了文档级别的情感分析的方法,利用 Movies dataset 取得了 84.1% 的结果。单词 n-gram 和互信息特征选择等方法的组合可以显著提高准确性[14]。基于机器学习的情感分类法虽然比基于情感词典的情感分类法有一定的进步,但是还需要人工对文本特征进行标记,而人为的主观因素会影响结果。机器学习需要依赖大量的数据,很容易产生无效的工作,使执行的速度变慢,如果模型的效率不高,那么在进行情感分析时常常不能充分利用上下文文本的语境信息,会对准确性造成影响[15]。

6.2.2 基于深度学习的情感分析

深度学习的引入促进了情感分类的发展,利用 Embedding 和多层神经网络进行正向传播,将其映射为一组向量[16]。目前的情感分析主流深度学习模型有 Transformer 等。预训练模型是指用数据集已经训练好的模型,在数据集上进行精调。基于深度学习的情感分析的预训练模型有:Embeddings from Language Models(ELMo)、BERT 等。Miyato[17]将对抗训练应用在自然语言处理领域的文本分类任务中作为一种正则化方法,以提高模型的分类性能。

6.2.3 基于情感词典的情感分析

基于情感词典的情感分析法需要人为构造情感词典,利用情感词典获取文档中情感词的情感值,通过加权计算来确定文档的整体情感倾向。对词语进行情感界定,如果词典内容足够丰富,就可以获得较好的情感分析效果。Rodrigo 等人[18]提出了一种高效的算法和三种剪枝策略自动构建用于社交情感检测的词级情感词典,通过提取和构建程度副词词典、网络词典、否定词词典等相关词典来扩展情感词典。关于某个话题的微博文本表达的情感可以分为正面、负面和中性[19],因此通过权重的计算可以得到一条微博文本的情感值。基于情感词典的方法过度依赖于情感词典,但由于每天都会有新的词出现,因此对词典的维护需要耗费极大的成本[20]。

6.3 共享出行评价的舆情传播分析

本章提出了基于对抗训练和全词覆盖 BERT 的舆情传播力度文本情感分析模型,该模型由两部分组成,分别是基于舆情传播力度的全词覆盖 BERT 模型和基于对抗训练的文本分类策略。

6.3.1 基于舆情传播力度的全词覆盖 BERT 模型

引入共享出行领域的专有名词,构建了全词覆盖的 BERT 模型,由于训练数据集拥有大量多余的标点符号、语气词等,因此采用对抗训练的方式来训练全词覆盖的 BERT,能提取更具有鲁棒性的向量,使模型更适应用户产生的舆情传播力度评论。共享出行领域词汇的全词覆盖 BERT 模型通过引入共享出行领域的专有名词,进行有监督的学习,适用于对舆情传播力度的情感倾向进行分类。通过在 Embedding 和最后的全连接层中加入扰动因子,能够提高模型的抗干扰能力。通过实验进行模型对比,基于对抗训练的全词覆盖 BERT 模型在共享出行评价情感分析的准确率和 F1 等指标上均优于最前沿的情感分析模型。

BERT 模型对中文采用的是字粒度的分词方式,即把一句话分成由字组成的数组,如"比亚迪"一词,在输入时会被拆分为"比""亚""迪"三个字。在预训练过程中,这些由分词器分开的字会随机地被"[MASK]"替换。这样的预训练方式使得 BERT 不能很好地学习中文文本中的语义信息。采用共享出行领域全词覆盖的 Bidirectional Encoder Representation from Transformers-whole word mask (BERT-wwm) 预训练模型,当一个与舆情传播力度领域相关的词组中部分字在训练过程中被 [MASK] 覆盖时,则同属于该词组的其他字也会被"[MASK]"覆盖掉。通过 BERT 预训练,模型对于舆情传播力度领域的任务适应能力更强,能提取到更多的舆情传播力度领域表示信息,更好地解决了舆情传播力度领域评论中语义模糊、关键特征稀疏的问题。利用 MLM 模型随机遮挡舆情传播力度语料库句子中 15% 的词条,通过模型预测被替换的词条。对随机遮挡的词采用舆情传播力度领域全词覆盖预训练的方法:将 80% 的字向量在输入时替换为"[MASK]",若被"[MASK]"的字是舆情传播力度领域相关名词的一部分,则同属该词的其他字符也会被相应的覆盖;15% 的字向量被替换为其他词向量,若被替换的字是舆情传播力度领域相关名词的一部分,则同属该词的其他字符也会被相应的替换;5% 的词向量输入时保持正常。针对情感分析的下游任务,在输出层加上 LSTM 和 Softmax 层对其进行输出。

当将评论与舆情传播力度实体输入基于舆情传播力度领域全词覆盖的 BERT 预训练模型时,计算如下:

$$H_{model} = BERT(T, E) \tag{6-1}$$

$$G_{model} = LSTM(H_{model}) \tag{6-2}$$

$$T_{model} = MLP(G_{model}) \tag{6-3}$$

$$Label = softmax(T_{model}) \tag{6-4}$$

其中,MLP 为多层感知器网络,用于先将预训练特征压缩至与类别数相同的特征维度,再通过 Softmax 对特征进行分类。

实验表明基于舆情传播力度的全词覆盖 BERT 模型在舆情传播力度文本情感分析任务上取得了更高的分类准确率,而当评论长度大于 512 个字符或者评论文本有着大量噪声时,由于 BERT 模型无法一次性提取到评论的全部特征,因此该模型识别的准确率受限。

6.3.2 基于对抗训练的文本分类策略

对抗训练主要用于对 Embedding 阶段和分类阶段添加对抗扰动。分类阶段主要分为两个阶段，分别是表示学习阶段和文本分类阶段。表示学习阶段的目标是使用对抗训练方法提高文本表示的质量，为下一步的文本分类获取表达更好的词向量。在表示学习模型中，通过前向传播和反向传播训练更好的词与词之间的依赖关系，通过构建对抗样本，训练模型正确分类的泛化性能，从而提高文本分类正确率。将对抗训练方法和语言模型相结合以提高文本表示的质量。在对抗训练中，扰动能使模型的损失最大化：

$$\hat{r} = \underset{r,\|r\|\leqslant\varepsilon}{\arg\max}\{L_{\text{adv}}(\hat{x}_{1:\ell},\theta',r)\} \tag{6-5}$$

其中，ε 用来对扰动的大小进行约束，是一个超参数，不同任务的最优 ε 不一样，使用网格搜索的策略时 ε 的值为 0.17。

$r=\{r_i\}\subset \mathbf{R}^V$ 是对原始文本序列输入值 $x=\{x_i\}\subset \mathbf{R}^V$ 的干扰。最终进入 BERT 模型的值为

$$\hat{x}_{1:\ell} = x_{1:\ell} + r_{1:\ell} \tag{6-6}$$

在 Embedding 上增加扰动产生的样本称为对抗样本。L_{adv} 表示对抗样本的损失，使用 BERT 网络并不能准确计算出这个扰动的值。研究人员提出了一种近似算法，即 L_{adv} 围绕线性化，这种方法可以得到非迭代解：

$$\hat{r}_i = \varepsilon\,\frac{g_i}{\|g_2\|_2}, \quad g_i = \nabla_{x_i}L_{lm}(x_{1:\ell},\theta') \tag{6-7}$$

其中，$\|\cdot\|_2$ 表示 L2 正则，即扰动最坏的方向就是损失在输入值梯度的正方向。因此，对抗损失定义为

$$L_{\text{adv}}(\hat{x}_{1:\ell},\theta) = -\frac{1}{\ell}\sum_{i=1}^{\ell}\log\ p((\hat{x}_i|\hat{x}_{1:i-1});\theta';\hat{r}) \tag{6-8}$$

对抗训练实际上是使最坏情况下的错误率最小化，即最小化对抗损失，模型的最终优化目标为

$$\arg\min\{L_{lm}(x_{1:\ell},\theta)+\lambda L_{\text{adv}}(\hat{x}_{i_{1:\ell}},\theta)\} \tag{6-9}$$

其中,λ 是一个标量超参数,用来控制两个损失函数的平衡。使用的对抗训练由于使用非迭代求解,并没有进行反向传播训练,因此没有增加额外的计算开销。基于对抗训练的文本分类策略的具体步骤如表 6-1 所示。

表 6-1　基于对抗训练的文本分类策略的具体步骤

步骤	步骤
1	遍历 $x(t)$
2	计算梯度 $g = \nabla_x L_{lm}$
3	增量梯度干扰 $\hat{r} = \varepsilon \dfrac{g}{\|g\|_2}$
4	加上梯度干扰 $\hat{x} = \hat{r} \oplus x$
5	计算损失 L_{adv}
6	最小化损失 $L_{total} \leftarrow (L_m + \lambda L_{adv})$
7	用梯度下降更新 θ

6.4　实验结果与分析

本章构建了舆情传播力度领域情感分析数据集;通过 Scrapy 框架爬取了舆情传播力度新闻与评论;在数据清洗与筛选后对其进行情感标注,标注了 3 类情感:积极、中性、消极。

6.4.1　评价指标

使用正确率(ACC)和 Macro-F1 作为评价指标进行评价。正确率的计算公式为

$$ACC = TP_i / ALL_i \tag{6-10}$$

其中,TP_i 为第 i 类分类正确的数据的数量,ALL 为全部的数据数量。

定义 precision 为模型预测正确的数量与预测为某一类的数据总数的比值,用于衡量模型的准确度。定义召回率(recall)为衡量某一类数据被模型正确分类的

比率,衡量的是模型的查全率。

平均准确度、平均召回率和 F1(综合考虑 precision 和 recall 的衡量指标)的公式为

$$precision_{ma} = \frac{precision_1 + precision_2 + precision_3}{3}$$

$$recall_{ma} = \frac{recall_1 + recall_2 + recall_3}{3}$$

$$F1_{ma} = 2\frac{recall_{ma} \times precision_{ma}}{recall_{ma} + precision_{ma}} \tag{6-11}$$

6.4.2 参数设置

实验参数设置如下:序列最大长度设置为 512,标题加评论最大片段长度设置为 510,Batch 大小设置为 16,学习率设置为 2×10^{-5},BERT 模型的隐层大小为 768,模型的优化算法采用 Adam,Dropout 率设置为 0.5,训练的总轮数为 3 轮,对抗训练的扰动因子 e 设置为 0.017。

6.4.3 模型比较结果

本章对 BERT 模型进行微调和特征增强,提出了新模型,在实验中,将本章模型与其他四种类型的预训练模型进行了对比,包括 BERT、BERT+CNN、BERT+LSTM 以及 ERNIE。

(1) BERT 是基于 Transformer 的预训练模型,在多个 NLP 任务上取得了当前最优结果。

(2) BERT+CNN 将 BERT 的输出向量作为 embedding_inputs,即作为卷积的输入,用 3 个不同的卷积核进行卷积和池化,并将 3 个结果添加到全连接层进行分类。

(3) BERT+LSTM 在 BERT 输出向量的基础上,在头部连接了一个 LSTM 模型,用于对基于时间的更深层次的向量进行分类。

(4) ERNIE 通过建模数据中的实体概念等先验语义知识,学习真实世界的语

义关系。

　　表 6-2 展示了本章模型和其他模型的对比结果。可知,本章模型在 Macro-F1
和 ACC 两个评测指标上的表现分别为 74.75% 与 77.68%,相较于基准模型
BERT 有了大幅的提升,与其他模型相比也存在很大优势。因此,本章提出的基于
对抗训练和全词覆盖 BERT 的舆情传播力度文本情感分析模型具有更优的表达,
在舆情传播力度情感分析任务上具有更优的效果。不同模型 Loss 下降图如图 6-1
所示。

表 6-2　不同模型对比结果

说明	ACC/%	Macro-F1/%
BERT	68.56	64.89
BERT+LSTM	69.75	65.76
BERT+CNN	68.98	65.12
ERNIE	70.23	67.45
本章模型	**77.68**	**74.75**

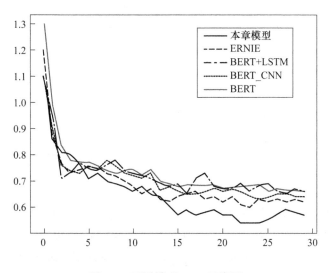

图 6-1　不同模型 Loss 下降图

　　由 Loss 下降图可见所有模型最后都趋于收敛,其中 BERT 单模型的 Loss 值
最高,分类效果最差,而本章提出的基于对抗训练和全词覆盖 BERT 的舆情传播力
度文本情感分析模型的分类效果最好,Loss 值也最低,这表明本章模型对舆情传
播力度数据具有较好的适应性。

6.4.4 消融实验结果

本章进行了 5 种消融实验来说明本章模型的实验效果。实验结果如表 6-3 所示，其中涉及的对比模型（不包含 BERT 模型）介绍如下：

（1）舆情传播力度领域全词覆盖 BERT：对 BERT 模型进行了舆情传播力度领域全词覆盖的预训练，并在模型上加入多层感知器的位置进行情感分类。

（2）BERT＋对抗训练：在 BERT 模型基础上采用对抗训练的方式进行训练，并在模型的最后添加全连接层进行分类。

（3）舆情传播力度领域全词覆盖 BERT＋对抗训练：对 BERT 模型进行舆情传播力度领域全词覆盖的对抗预训练，并在模型上加入多层感知器进行情感分类。

（4）舆情传播力度领域全词覆盖 BERT＋对抗训练＋双向 LSTM 网络（本章模型）：在基于舆情传播力度领域全词覆盖与特征增强表示模型的基础上，加上了双向 LSTM 网络来学习词条之间的序列特征，最后连接全连接层进行分类。

表 6-3 消融实验结果

说明	ACC/%	Macro-F1/%
BERT	68.56	64.89
舆情传播力度领域全词覆盖 BERT	72.67	68.29
BERT＋对抗训练	71.23	69.32
舆情传播力度领域全词覆盖 BERT＋对抗训练	73.72	71.78
本章模型	75.68	74.75

由表 6-3 的实验结果可知，BERT 模型的 ACC 和 Macro-F1 均为最低值。对舆情传播力度领域全词覆盖 BERT 模型进行了测试，相对于 BERT 语言模型，在 ACC 上有 4.11 个百分点的提升，验证了本章提出的舆情传播力度领域全词覆盖预训练的有效性。对 BERT 模型采用对抗训练的方式对数据集进行训练，实验结果表示相比于 BERT 模型，BERT＋对抗训练模型的 ACC 有 2.67 个百分点的提升。在舆情传播力度领域全词覆盖 BERT 模型的基础上，加入对抗训练来增强语言模型的表达能力，与舆情传播力度领域全词覆盖 BERT 模型相比，该模型在 ACC 值上有 1.05 个百分点的提升，表明对抗训练在舆情传播力度领域的情感分析是有效的。最后，再加上双向 LSTM 网络来学习词条之间的序列特征得到本章

模型,其 ACC 值继续提升了 1.96 个百分点,表明了本章提出的基于对抗训练和全词覆盖 BERT 的舆情传播力度文本情感分析模型的有效性。

本 章 小 结

本章提出了基于对抗训练和全词覆盖 BERT 的舆情传播力度文本情感分析模型,并对模型进行了对比实验和消融实验。实验表明,在舆情传播力度领域全词覆盖 BERT 模型的基础上,加入对抗训练来增强语言模型的表达能力,与舆情传播力度领域全词覆盖 BERT 模型相比,新模型在正确率上有所提升;而再加上双向 LSTM 网络来学习词条之间的序列特征,新模型在正确率上继续有提升。因此,本章提出的模型在评价文本情感分析任务上取得了更高的分类准确率和更小的损失值。

本章参考文献

[1] WANG Y J,ZHU J Q,WANG Z M,et al. A Review of the Application of Natural Language Processing in the Field of Text Sentiment Analysis [J]. Computer Applications,2022,42(4):1011-1020.

[2] WANG C D,ZHANG H,MO X L,et al. A Review of Sentiment Analysis on Weibo [J]. Computer Engineering and Science,2022,44(1):165-175.

[3] ZHANG Y,LI T R. Review of Aspect-Level Sentiment Analysis for Comments [J]. Computer Science,2020,47(6):194-200.

[4] HE Y X,SUN S T,NIU F F,et al. A Deep Learning Model for Sentiment Enhancement of Weibo Sentiment Analysis [J]. Chinese Journal of Computers,2017,40(4):773-790.

[5] DEVLIN J,CHANG M W,LEE K,et al. BERT:Pre-training of Deep Bidirectional Transformers for Language Understanding[C]//Proceedings of the 2019 Conference of the North American Chapter of Association for

Computational Linguistics: Human Language Technologies. Minneapolis, Minnesota: Association for Computational Linguistics, 2019: 4171-4186.

[6] ZHANG Z Y, HAN X, LIU Z Y, et al. ERNIE: Enhanced Language Representation with Informative Entities [C]// Proceedings of the 57th Annual Meeting of the Association for Computational Linguistics. Florence, Italy: Association for Computational Linguistics, 2019: 1441-1451.

[7] WANG Z T, YU Z W, GUO B, et al. Sentiment Analysis of Chinese Weibo Based on Dictionary and Rule Set [J]. Computer Engineering and Applications, 2015, 51(8): 218-225.

[8] LONG C, GUAN Z Y, HE J H, et al. Research Progress on Emotion Classification [J]. Computer Research and Development, 2017, 54(6): 1150-1170.

[9] PETERSON L F. K-Nearest Neighbor [J]. Scholarpedia, 2009, 4(2): 1883.

[10] ZHANG H, JIANG L X, LI C Q. Attribute augmented and weighted naive Bayes [J]. Science China Information Sciences, 2022, 65(12): 222101.

[11] DING S F, QI B J, TAN H Y. A Review of Support Vector Machine Theory and Algorithm Research [J]. Journal of University of Electronic Science and Technology of China, 2011, 40(1): 2-10.

[12] COLAS F, BRAZDIL P. Comparison of SVM and Some Older Classification Algorithms in Text Classification Tasks [C]//Artificial Intelligence in Theory and Practice. IFIP AI 2006. IFIP International Federation for Information Processing. Boston, MA, USA: Springer, 2006: 169-178.

[13] VAN ATTEVELDT W, VAN DER VELDEN M A C G, BOUKES M. The Validity of Sentiment Analysis: Comparing Manual Annotation, Crowd-Coding, Dictionary Approaches, and Machine Learning Algorithms [J]. Communication Methods and Measures, 2021, 15(2): 121-140.

[14] LIU P F, QIU X P, HUANG X J. Adversarial Multi-Task Learning for Text Classification[C]// Proceedings of the 55th Annual Meeting of the Association for Computational Linguistics. Vancouver, Canada: Association for Computational Linguistics, 2017: 1-10.

[15] LECUN Y, BENGIO Y, HINTON G. Deep Learning[J]. Nature, 2015, 521(7553): 436-444.

[16] XU G, MENG Y, QIU X, et al. Sentiment Analysis of Comment Texts Based on BiLSTM[J]. IEEE Access, 2019, 7: 51522-51532.

[17] TAKERU M, ANDREW M D, IAN G. Adversarial Training Methods for Semi-Supervised Text Classification [J]. arXiv preprint, arXiv: 1605. 07725, 2016.

[18] RODRIGO M, JOÃO F V, WILSON P G N. Document-level Sentiment Classification: An Empirical Comparison Between SVM and ANN[J]. Expert Systems with Applications, 2013, 40(2): 621-633.

[19] NARAYANAN V, ARORA I, BHATIA A. Fast and Accurate Sentiment Classification Usingan Enhanced Naive Bayes Model[C]//International Conference on Intelligent Data Engineering and Automated Learning. 2013: 194-201.

[20] GARG S, RAMAKRISHNAN G. BAE: BERT-based Adversarial Examples for Text Classification [C]//Proceedings of the 2020 Conference on Empirical Methods in Natural Language Processing (EMNLP). (Online): Association for Computational Linguistics, 2020: 6174-6181.

第 7 章
共享出行评价的主题热度分析

7.1 引　言

　　舆情热度是在某起事件、某个话题、具体主体引发舆情关注后,网友和媒体对其关注度的统称,具体表现在转载情况、评论情况、点赞情况、传播范围等。在一起舆情事件暴发后,把握舆情的主题及其热度可以评估其造成的影响,及时地采取应对措施进行止损,并辅助决策者进行舆情研判。本章研究如何对共享出行评价内容的舆情主题热度进行分析,利用共享出行评价内容情感偏向对具有潜在舆情的评价内容进行标记,判断共享出行评价内容引起的舆情影响,并分析信息差级联传播及变化速度对舆情造成的动态影响。

7.2 网络舆情热度分析

7.2.1 主题模型

　　主题模型是发现文档集合中隐藏语义结构的统计工具[1]。主题模型及其扩展已被广泛应用于许多领域[2]。LDA 是一种层次化的参数贝叶斯方法,用于在大型语料库中发现话题[1]，是现有话题模型的典范形式。LDA 将文档建模为一个话题的混合物，每个话题都是语料库词汇的概率分布。使用统计推理学习与每个主题相关的词的概率分布，以及每个文档的主题分布。通过使用文档级别的词共现信息将语义相关的词归入一个主题[3]，它们对与每个主题相关的文档长度和数量极为敏感。因为短文包含的字数较少，所以无法获得关于字与字之间关系的信息。随着万维网（World Wide Web）的快速发展和各种网络应用的出现，网络搜索片段、微博、论坛信息、新闻头条和其他短文已经成为互联网的主要内容。准确地挖掘这些短文背后的话题对于很多下游任务至关重要，包括话题检测[4]、查询建议、用户兴趣监测[5]、文档分类、评论总结[6]和文本聚类等。上下文信息稀少、缺乏词的共现信息，导致传统的话题模型在短文中的表现欠佳。

概率主题模型是一种无监督的文本主题聚类算法，挖掘文本数据中隐含的主题信息，最早起源于由 Thomas Hofmann 提出的概率隐性语义分析算法（pLSA）。对于数据集中的任意文档，pLSA 假设它们都是通过以下步骤生成的，如图 7-1 所示。根据文档分布 $P(d_m)$ 选择当前文档 d_m，从文档的条件概率主题分布 $P(z_k|d_m)$ 中抽取一个主题 z_k 作为当前文档的主题；根据被抽取主题的主题单词条件概率分布 $P(w_n|z_k)$，选取一个单词 w_n 加入文档；重复单词选取过程，直至生成当前文档 d_m 中包含的所有单词，重复选取文档的过程，以生成语料中的全部文档。假定语料中所有文档都符合上述生成过程，为得到训练语料的主题分布情况，pLSA 使用最大期望算法（EM）对隐含的主题概率分布 $P(z_k|d_m)$ 和 $P(w_n|z_k)$ 进行求解。最大期望算法的基本思想为将待估计的概率分布 $P(z_k|d_m)$ 和 $P(w_n|z_k)$ 进行随机初始化建立极大似然估计函数，通过不断地迭代，使新的概率分布似然函数比上一步中的概率分布似然函数大，从而逼近最终的概率分布。

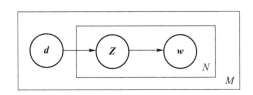

图 7-1　pLSA 算法生成文档过程

pLSA 的估计参数被视为具体的数值，这样的模型过于简单，不能很好地对文本语义信息进行建模。与 pLSA 相比,LDA 对两个待估计的主题概率分布矩阵引入了贝叶斯先验,生成过程如图 7-2 所示。具体的生成过程如下:

(1) 在符合超参数为 α 的狄利克雷分布中,选取一个多项分布 $\boldsymbol{\theta}$ 作为文档主题分布;

(2) 对于每个主题 k,在符合超参数为 β 的狄利克雷分布中,选取一个多项分布 φ_k,作为主题 k 的单词概率分布;

(3) 对于每个文档 i,根据文档主题分布 $\boldsymbol{\theta}$,选取一个主题 k_i;

(4) 根据主题单词分布 φ_{k_i},选取单词组成文档。

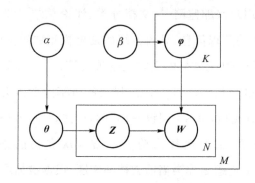

图 7-2　LDA 生成过程

对于生成过程使用到的文档主题分布 $\boldsymbol{\theta}$ 和主题单词分布 $\boldsymbol{\varphi}$,使用吉布斯采样算法进行近似求解。吉布斯采样算法是一种兼顾精度和方便性的概率分布求解方法。计算过程用到了分配到每个主题中的单词个数 NW、分配到每个主题下的单词总数 NW_SUM、每个文档中被分配到每个主题下的单词数量 ND、每个文档中的单词数量 NS_SUM。对每个单词所属的主题进行随机初始化,根据随机初始化的情况对 4 个矩阵进行计算统计。每次迭代循环过程中,对于每个文档中的每个单词,不考虑当前单词当前的主题情况。

根据当前单词新得到的主题概率分布情况,使用概率累积法对当前单词选取一个新的主题,根据新选取的单词主题对 4 个主题矩阵进行更新。迭代更新过程稳定后,根据收敛得到的 4 个矩阵,对文档主题分布矩阵 $\boldsymbol{\theta}$ 和主题单词分布矩阵 $\boldsymbol{\varphi}$ 进行计算,通过文档或单词的主题概率分布情况进行语义建模。词嵌入模型是现在最流行的文本数据表示算法之一,通过将文本数据表示为嵌入向量的形式,对单词的局部上下文、语法和句法情况以及与其他单词的关系进行评估计算。词嵌入模型通常通过神经网络对语料进行训练,从而将离散的单词表示为连续空间下的实值向量,通过连续语义空间下的嵌入向量,对文本的语义关系进行建模,去除了原始语义空间中冗余的语义信息,实现了对文本语义信息的降维。常用的词嵌入模型是由 Mikolov 提出的 Word2vec,通过一个三层的神经网络训练词嵌入向量,其中包含两种模型,分别是 CBOW 模型和 skip-gram 模型,如图 7-3 所示,CBOW模型建立的神经网络通过输入目标单词的上下文中的单词信息,也就是用语料目标单词上下文中出现过的单词的词向量对目标单词进行预测,而 skip-gram 模型与其相反,通过输入训练语料中目标单词的词向量信息,对该单词上下文中出现其他单词的概率进行预测。

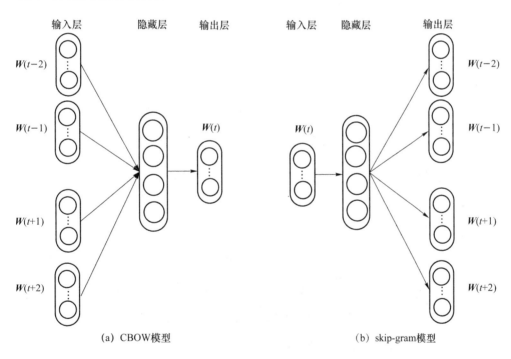

图 7-3 Word2Vec 模型框架

Word2vec 建立的神经网络接收独热编码的单词词向量数据作为输入,对于输入语料,首先对语料进行分词并统计形成词表,对于词表中的 N 个单词,使用 N 维的0-1向量表示每个单词,其中表示第 i 个单词向量的第 i 位数值为1,其余位都为0。

以 skip-gram 模型为例,网络结构包含输入层、隐藏层、输出层 3 层,如图 7-4 所示。

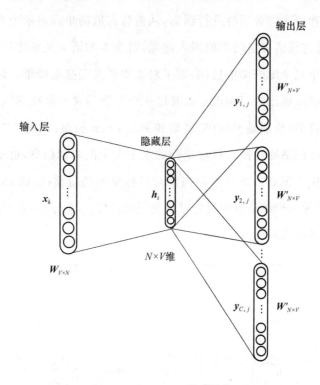

图 7-4   skip-gram 模型网络

目标函数如式(7-1)所示,其中 W 为给定的单词序列,目标函数为最大化输入单词序列的平均对数概率,C 为提前制定的目标单词上下文的大小范围,N 为词表中的单词总数。

$$L(D) = \frac{1}{N} \sum_{i=1}^{N} \sum_{c \in C_i} \log \Pr(w_c \mid w_i) \tag{7-1}$$

其中,条件概率使用了如式(7-2)所示的 Softmax 函数,w_i 为当前目标单词,w_c 为目标单词上下文单词。模型通过随机梯度下降法进行训练,训练完成后,使用隐藏层对应位置的参数对目标单词进行表示。

$$\Pr(w_c \mid w_i) = \frac{\exp(w_c \cdot w_i)}{\sum_{w_k \in W} \exp(w_k \cdot w_i)} \tag{7-2}$$

社交网络数据中有众多图结构的数据,如社交网络用户关注关系、社交网络跨媒体数据关联关系等。通过深度游走算法可以对社交网络数据中的图结构进行准确的语义提取与建模。深度游走算法将图结构中节点表示的高维信息使用低维度的向量表示出来,适用于表示相对稀疏、相似节点构成团状结构的图结构,符合社交网络中图结构的性质。深度游走算法随机选取若干节点作为编号为 1 的起始节点,通过在连接节点的边上行走到达相邻节点,每次出发选择相邻节点的概率是相等的,每步行走节点编号增加 1,在图上行走若干步后,得到一条行走路径。重复上述选取以及行走过程,得到多条随机游走路径。将随机游走得到的多条路径看作自然语言处理中的上下文信息,利用 skip-gram 模型对路径进行训练,得到图结构节点的嵌入向量表示。

7.2.2 主题发现

在训练主题模型之前,将相关的短文聚合成冗长的伪文件[5],或者用外部数据(如维基百科)训练的模型帮助短文进行主题推理[7]。研究者们还引入了许多 LDA 操作,并在短文中获得了最佳效果[8],LDA 的 Biterm 主题模型[9]可以很好地处理短文。Biterm 主题模型是 Unigram 的一种特殊的混合形式,Dual-Sparse Topic model[10]改进了 LDA 来理解每个短文的焦点话题和每个话题的焦点词。结合神经网络的方法也可以用来对短文进行主题建模[11]。短文主题建模对于不平衡数据集中的罕见话题也有很大的应用价值,如及时发现社交平台上的危机事件可以大大减少损失,及时发现稀有话题也能更好地预测未来事件。微博信息流的一种很重要的特征就是话题特性,即大部分的微博在讨论的某一个热门话题。此时,准确检测出一条微博的话题特征成为研究微博的舆情检测、分析与追踪的基础。微博话题检测的一个明显特征就是相同话题微博的内容相似性很高,特别是在文本内容方面。基于神经网络的微博话题检测方法是将微博话题检测任务看作一种分类任务,它用神经网络模型提取微博文本的潜在语法语义特征,即利用神经网络模型完成微博文本向量化工作,由于有效地利用了微博的潜在语义特征,因此基于神经网络的微博话题检测方法达到了很高的准确率。

7.2.3 主题热度

在微博、微信等自媒体平台中[12],作者发表的文章、图片、视频受到关注、讨论、传播的程度称为主题热度。在网络舆情信息获取的过程中,通过热度计算筛选出在单位时间内更受关注、传播范围更广泛、讨论更频繁的推文(这些推文很有可能作为潜伏中的网络舆情,更容易引发轰动),同时过滤掉受关注度低、传播范围窄、不经常被讨论的推文,防止在网络舆情研究中出现数据灾难。网络舆情热度的研究可分为单个时间点的热度研究与时间段内的热度趋势研究。在单个时间点的热度研究中,以网络舆情推文中转发数、评论数、点赞数、粉丝数等一系列定量数据为指标的网络舆情推文评价体系构建为主[13],如梁昌明等[14]将推文附加属性分为博主特征热度影响力、内容特征热度影响力、传播特征热度影响力和受众特征热度影响力,进而构建了微博热度评价指标体系。杜慧等[15]利用因果模型从文章数量、点击量、评论量、来源数量等方面描述主题热度,把时间作为关键变量考虑在内。在时间段的网络舆情趋势研究中,徐旖旎[16]利用马尔科夫链对不同时间点下微博定量数据的关系进行了分析,绘制了舆情热度曲线图,并对舆情的趋势进行了预测。黄微等[17]通过将微博转发评论数按时间的走势进行分析,对微博舆情的老化度进行了计算。目前的网络舆情热度研究多是针对转发数、评论数、点赞数、粉丝数等一系列定量数据的研究。

7.2.4　基于 LDA 的话题检测

LDA 可以用于分析挖掘文档集合中每篇文档的主题概率分布[10]。LDA 分析文本主题分布的实质是通过利用文本中词项(term)的共现特征。LDA 是无监督学习算法,不需要任何关于数据的背景知识。它采用词袋表示法,将每篇文档看作向量,即 One-hot Representation 向量表示,实现将文本转化为易于表达和建模的向量化表示。LDA 可以有效地对长文本进行主题语义挖掘。在微博话题检测的任务中基于微博文本数据,训练出 LDA 模型;在话题检测时,根据时间顺序,用已经训练好的 LDA 模型提取微博的文本特征,将每条微博消息表示为一个话题分布向量,完成微博文本的向量化表示;当某个话题的微博数量激增时,可以看作产生了新的话题,同时完成话题检测任务。LDA 的概率模型图如图 7-5 所示,LDA 主题模型可以分解为以下两个过程。

(1) $\alpha \rightarrow \theta \rightarrow z_{m,n}$。这个过程为文档主题生成过程,表示在生成第 m 篇文档的时

候,从文档-主题分布矩阵中生成该文档中第 n 个词的主题编号。

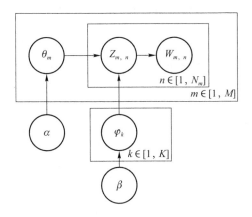

图 7-5　LDA 的概率模型图

(2) $\beta \rightarrow \varphi_k \rightarrow w_{m,n} \mid k = z_{m,n}$。这个过程为文档词生成过程,表示生成语料中第 m 篇文档中第 n 个词的过程。LDA 通过吉布斯抽样(Gibbs Sampling)算法对词项分布进行采样。LDA 的吉布斯抽样分别如式(7-3)、(7-4)和(7-5)所示:

$$p(z_i = k \mid \mathbf{z}_{\neg i}, \mathbf{w}) \propto \theta_{m,k} \cdot \varphi_{k,t} \tag{7-3}$$

$$\theta_{m,k} = \frac{n_{m,\neg i}^{(k)} + \alpha_k}{\sum\limits_{k=1}^{K} (n_{m,\neg i}^{(t)} + \alpha_k)} \tag{7-4}$$

$$\varphi_{k,t} = \frac{n_{k,\neg i}^{(t)} + \beta_t}{\sum\limits_{t=1}^{V} (n_{k,\neg i}^{(t)} + \beta_t)} \tag{7-5}$$

7.2.5　基于深度神经网络的话题检测

基于深度神经网络的话题检测方法将话题检测任务当作一种分类任务来进行,与 SVM 中将词汇单位作为微博文本向量的做法不同,基于深度神经网络的话题检测方法用深度卷积神经网络模型提取微博中的潜在语义特征,完成微博文本向量化过程,利用微博文本向量训练多分类器,完成微博话题检测模型训练。基于深度神经网络的微博文本向量化方法得到的微博文本向量的线性可分性很强,因此其不用复杂的 SVM 模型作为多分类器,而是采用 Softmax 方法对微博文本向量进行分类。基于深度神经网络的微博话题检测方法如图 7-6 所示。在预处理部分主要是对微博文本进行分词、去停用词、去高频词等预处理工作,采用循环神经网络训练出的词向量对微博文本进行向量化,对于微博文本向量用深度卷积神经网络提取微博文本的潜在语法语义特征,在深度卷积神经网络的最后一层采用Softmax 对提取出的微博文本向量进行分类,得到微博话题检测结果。

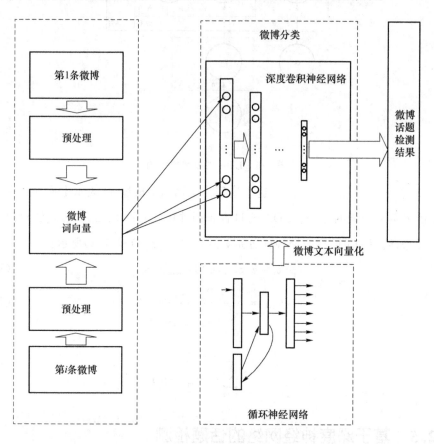

图 7-6　基于深度神经网络的微博话题检测方法

7.3　共享出行评价内容舆情热度分析

在共享出行评价情境下识别出评价主题,对舆情热度分析的过程如图 7-7所示。

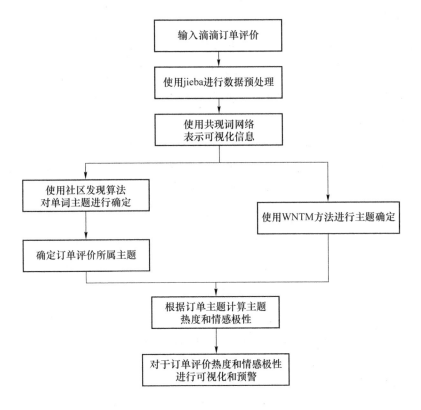

图 7-7　共享出行评价内容舆情热度分析过程

7.3.1　共享出行订单评价主题标记

对共享出行订单评价的特征词进行提取,使用这些特征词构建特征词共现网络(特征词共现网络可以直观地反映出词与词之间的亲疏关系),对该共现网络进行关联强度分析(关联在一起的主题词簇往往在语义上更加接近,更可能表达同一个主题),将得到的每一个词簇作为一个主题,根据所得到的主题对评价内容进行标记。

$$\text{topic}_i = \{\text{word}_{i1}, \text{word}_{i2}, \cdots, \text{word}_{in}\} \tag{7-6}$$

对共享出行订单评价进行文本预处理,对其分词和清洗之后进行后续处理。采取以下步骤对收集到的语料库进行清洗:去掉停顿字、剔除频次小于 20 的词、过滤掉 url、表情符号、hashtag 和非中文字符、删除长度小于 10 的评价。通过 jieba 分词工具可以自定义地创建停用词字典,根据共享出行订单评价的特性添加停用词词典,并将常用的共享出行场景中的相关术语等添加到自定义词典当中。使用jieba进行分词可帮助识别在订单评价场景下出现的词语,使用词性标注功能,将形容词、副词等去除,保留对主题分辨能力较强的名词。在将订单评价拆分为对主题影响较大的单词后,对每条评价所包含的词的数量进行统计,去掉词数量小于20的评价。

共享出行订单评价属于短文本信息,大部分乘客在结束订单之后不会进行评价,少量评价的乘客也仅仅在平台提供的候选关键词中选择合适的关键词进行评价,因此共享出行平台订单的评价整体自由度较低,上下文严重稀疏,缺少文档级的单词共现的信息。针对这种短文本可以使用共现网络提取评价文本的主题信息。为了将给定的文档集合转换为单词网络,过滤掉低频词和停止词,移动一个滑动窗口扫描每个文档。作为逐词扫描文档的窗口,在同一窗口中出现的任何两个不同的单词都被视为共现。两个单词共现的次数累计为它们之间对应边的权值。一对单词可能会被统计多次,这种模式称为单词对加权模式,同时出现在相邻位置的单词比同时出现在相距较远位置处的单词被计数的次数多。将相邻的词语放在同一个主题中,可以极大地增强学习主题的连贯性,因为衔接词通常在语义上有很强的相关性。

在主题模型中,一个主题可以被看作同一个文档中频繁同时出现的词袋,这与单词网络中的潜在词组(或社区)非常相似。由于在同一滑动窗口中频繁同时出现的词在语义空间中紧密相连,出现在同一文档中的概率较高,因此将基于共现网络的模型中的潜在词组作为 LDA 中的主题。从词语共现网络中学习话题特殊的字词空间形式,为话题连贯提供保障。两个单词同时出现的次数累计为它们之间对应边的权值,节点的度定义为其相邻链路权值的总和,节点的活跃度定义为其相邻链路权值的平均值。社区发现算法是用于解决复杂网络问题的聚类算法[18]。相对比其他聚类方法,如 CD 算法,社区发现算法最主要的目的是在网络中找到内部节点联系更紧密的结构(社区),并要求不同的社区之间的联系是稀疏的。使用社区发现算法对词共现网络进行社区划分,把每一个社区作为一个主题,从而得到主题的判定条件。

使用 Louvain 算法对构建好的词共现网络进行划分,得到每个主题中包含的单词集合:

$$\text{topic}_i = \{\text{word}_{i1}, \text{word}_{i2}, \cdots, \text{word}_{in}\} \tag{7-7}$$

对共享出行订单评价所属的主题进行标记。Louvain[19]算法是一种基于多层次优化 Modularity[2]的算法,Modularity 函数最初被用于衡量社区发现算法结果的质量,它能够刻画所发现社区的紧密程度,因此将它作为一个优化函数,即通过将节点加入它的某个邻居所在的社区,提升当前社区结构的模块。分区的模块化程度是一个-1 到 1 之间的标量值,对于加权网络(加权网络是在其链路上有权重的网络,如两个手机用户之间的通信次数),定义为

$$Q = \frac{1}{2m} \sum_{i,j} \left[A_{ij} - \frac{k_i k_j}{2m} \right] \delta(c_i, c_j) \tag{7-8}$$

其中,A_{ij} 表示 i 和 j 之间的边,$k_i = \sum_j A_{ij}$ 是顶点 i 上所有边的权重之和,c_i 是 i 分配顶点的社区,如果 $u = v$,则函数 $\delta(c_i, c_j) = 1$,否则 $\delta(c_i, c_j) = 0$,$m = \frac{1}{2} \sum_{ij} A_{ij}$。

假设一个有 N 个节点的加权网络,给网络的每个节点分配一个不同的社区,因此在这个初始分区中,有多少个节点就有多少个社区。对于每个节点 i 考虑其邻居 j,评估将 i 从其社区中移除并将其置于 j 的社区中产生模块化收益,若该收益为正,则将节点 i 置于收益最大的社区中;若该收益非正,i 就留在它原来的社区。这个过程对所有的节点重复、顺序地应用,直到不再有进一步的改进,此时第一阶段完成。当达到模块化的局部最大值时,即没有任何单独的移动可以改善模块化时,第一阶段停止。将一个孤立的节点 i 移到社区 C 中所获得的模块化收益 ΔQ 可以通过下面的方法计算:

$$\Delta Q = \left[\frac{\Sigma_{in} + k_{i,in}}{2m} - \left(\frac{\Sigma_{tot} + k_i}{2m} \right)^2 \right] = \left[\frac{\Sigma_{in}}{2m} - \left(\frac{\Sigma_{tot}}{2m} \right)^2 - \left(\frac{k_i}{2m} \right)^2 \right] \tag{7-9}$$

其中,Σ_{in} 是 C 内部链接的权重之和,Σ_{tot} 是 C 中节点附带的链接的权重之和,k_i 是节点 i 附带的链接的权重之和,$k_{i,in}$ 是 i 到 C 中节点的链接的权重之和,m 是网络中所有链接的权重之和。

以上的表达方式被用来评估当 i 从其社区中被移除时的模块化变化,通过将 i 从其社区中移除,将其移至邻近的社区来评估模块化的变化,输出取决于节点的顺序,节点的顺序对获得的模块化没有重大影响,但会影响计算时间。本章通过研究共享出行订单评价所构建的词共现网络发现,可以根据图网络中节点和链接的关系将其快速划分为适当数量的互不重叠的社区,每一个社区由一个词集合组成,该词集合作为一个描述订单评价内容的主题。要寻找某个主题的子主题,也可以输出 Louvain 算法的中间结果,在得到订单评价的各个主题词集合之后对每一个订

单评价进行标记,即可得到每个订单的所属主题。当已知评价数据的主题数量时,可采用指定主题数量的话题发现技术。本章基于共现词网络的指定主题数量的话题发现方法从共现网络中发现主题,参考了词网络主题模型[20,21]中的方法,使用标准的 Gibbs 采样[22] 发现大型词网络中的潜在词组,将词共现网络表示为伪文档集;假设每个单词的相邻单词列表是根据特定的概率模型在语义上生成的,对单词、潜在单词组和单词的相邻单词列表之间的统计关系进行学习。

给出聚类结果的评价指标,根据设定不同类别数目得出评价指标不同的值,选择合适的类别数。假设词汇网络中存在一个固定的潜在词组集合且每个潜在词组 z 与词汇表 Φ_z 上的多项分布相关联,该多项式分布来源于 Dirichlet 先验 $\text{Dir}(\beta)$。由 Word 网络转换而来的整个伪文档集合的生成过程可以解释为:对于每个潜在词群 z,得到 z 词群的多项式分布 $\Phi_z \sim \text{Dir}(\beta)$ 和单词 w_i 的相邻单词列表 L_i 的潜在单词组的隐狄利克雷分布 $\theta_i \sim \text{Dir}(\alpha)$。对于每个单词 $w_j \in L_i$:选择一个潜在词组 $z_j \sim \theta_i$,选择邻接词 $w_j \sim \Phi_{zj}$。θ 分布表示潜在词组出现在每个单词相邻词表中的概率,Φ 分布表示单词属于每个潜在词组的概率。给定观察语料库,将其转换为共现词网络,生成伪文档集,使用与传统 LDA 相同的 Gibbs 采样来推断 Φ 和 θ 中潜在变量的值。

在推断短文本主题时,将单词与相邻词表 θ_i 的主题比例作为 w_j 中的主题比例。给定所有单词的主题比例得到每个文档的主题:

$$P(z|d) = \sum_{w_i} P(z|w_i) P(w_i|d) \qquad (7\text{-}10)$$

其中 $P(z|w_i) = \theta_{i,z}$,将文档中单词的经验分布作为 $P(w_i|d)$ 的估计:

$$P(w_i|d) = \frac{n_d(w_i)}{\text{Len}(d)} \qquad (7\text{-}11)$$

其中,$n_d(w_i)$ 为文档 d 中 w_i 的词频,$\text{Len}(d)$ 为文档 d 的长度。

通过选择每个文档主题概率的最大值得到每个文本的聚类标签。使用 Purity 和 NMI[23] 作为衡量指标比较簇标签和真实标签,参考这两个指标选择更加合适的类别数。

7.3.2 共享出行评价内容的主题热度

根据在某一时空范围内某一主题的订单评价内容对舆情影响的级别进行量

化,根据每个主题包含的词组对每一条评价进行标记。对每一个评价使用一个长度为 k 的数组(k 为主题的数量)对评价所包含的主题进行标记,若评价中包含该主题的单词,则将该值置为 1。设第 t 个时间窗口中关于主题 T 的评价共有 N_t 条,具体的量化方法如下:

$$Hot(T,t) = \beta_T \times \sum_{i=1}^{N_t} confidence(w_{i,t}) \qquad (7\text{-}12)$$

其中,β_T 为主题 T 的传播力度,根据不同主题受关注程度的不同而不同。confidence$(w_{i,t})$ 为在第 t 个时间窗口中与主题 T 相关的第 i 条评价的真实程度。评价的来源通过该评价的情感得分和乘客的情感倾向度计算。

$$confidence(w_{i,t}) = 该乘客的平均打分 \div 所有乘客的平均打分 \qquad (7\text{-}13)$$

Hot(T,t) 可对每个主题的热度进行评价。建立评价指标 Polarity,取合适的值作为判定用户打分情感的中间值 $core_{judge}$,将打分高于判定值的评价作为积极评价,打分低于判定值的评价作为消极评价。假设在第 t 个时间窗口关于主题 T 的评价共有 N_t 条,则具体的量化方法如下:

$$Polarity(T,t) = \beta_T \times \sum_{i=1}^{N_t} (core_{i,t} - core_{judge}) \qquad (7\text{-}14)$$

其中,$core_{i,t}$ 为第 t 个时间窗口中与主题 T 相关的第 i 条评价的情感得分。

通过设定合适的阈值,对每个时间点下所有主题的热度和极性进行预警,对热度高于阈值或是情感极性低于阈值的时间点进行预警。考虑到不同主题的影响程度不同,对于不同主题使用不同的阈值作为预警标准。每个主题热度的阈值使用该主题近一年内所有热度值的 80% 分位点作为阈值,当主题的热度高于该阈值时进行预警。对于情感极性使用该主题热度值的 20% 分位点作为阈值,当情感极性低于该阈值时进行预警。

7.3.3　共享出行评价内容的舆情热度

使用 JavaScript 中的 Echart 插件对内容进行可视化,使用 Python＋Django 框架进行可视化内容,主要包括订单主题关系图、订单评价主题热度时间选择、订单评价主题分布、订单评价主题热度趋势和预警、订单评价主题情感极性趋势和预警。使用 Echart 插件中的 Series-Graph 展现评价中词语与词语之间的关系。使用力引导布局方式,多次迭代后节点会静止在一个受力平衡的位置,使整个模型的能量最小化。由于力引导布局的结果有良好的对称性和局部聚合性,因此进行力引导布局前的初始化布局会影响到力引导的效果。使用固定布局的方式,提前指定每个节点的位置。将二维坐标系按照分类数量均分,使这些点在一定范围内随机分布,进而得到每个节点的坐标。对日期进行选择,并对相应时间的数据进行展示:采用 Django 中的 Forms 组件,在输入时间的时候可以自动产生下拉框,并使用全局 Hook 的方式对数据进行验证。订单主题分布统计相应时间里每个主题的数量,使用 Echart 插件里的饼形图来展示。

在数据处理过程中使用 Pandas 进行数据处理,在后端将数据处理成 JSON 格式的数据后再传给前端。订单评价的主题热度在后台计算后,利用 Pandas 对其进行处理,再通过 AJAX 的方式传到前端。在预警功能中对每个主题使用不同的阈值进行标记,使用 Markpoint 组件对数据进行标记。在整个过程中使用模拟数据集中的订单评价和经处理得到的订单数据,这些数据包含了每条订单评价产生的时间和所属的主题类别等字段。在对主题模型的性能进行评估时,本章使用了1 个模拟数据集和 6 个常用的数据集[24]对模型效果进行评估。共享出行评价数据集由模拟数据集中的评价字段和每条评价属于的类别组成,这些数据集中包含8 个类别,分别为服务态度、价格、车内环境、按时程度、座椅舒适程度、道路规划、安全性和平稳程度。共享出行评价模拟数据集如表 7-1 所示。

表 7-1　共享出行评价模拟数据集

评价文本	所属类别
感觉平稳程度方面稍许稳稳当当	平稳程度
感觉座椅舒适程度方面尤其整洁	座椅舒适程度
感觉价格方面无比合适	价格
感觉环境方面那么失调	车内环境
按时方面大为勉勉强强	按时程度
道路规划上感觉略加搞笑	道路规划
服务态度上感觉过分还可以	服务态度
安全性上感觉过甚并非还可以	安全性

表 7-2 所示为数据集信息,其中,K 代表每个数据集的主题数量,N 代表每个数据集中的文档数量,Len 表示每个文档的平均长度和最大长度,V 表示词汇表的大小。

表 7-2   数据集信息

Dataset	K	N	Len	V
SearchSnippets	8	12 295	14.4/37	5 547
StackOverflow	20	16 407	5.03/17	2 638
Biomedicine	20	19 448	7.44/28	4498
Tweet	89	2 472	8.55/20	5 096
GoogleNews	152	11 109	6.23/14	8 110
PascalFlickr	20	4 834	5.37/19	3 431

7.4 实验结果与分析

7.4.1 评价指标

在对主题模型的性能进行评估时,使用 Purity 和 NMI[24] 作为衡量指标来比较簇标签和真实标签,参考这两个指标来选择合适的类别数。

本章用归一化互信息(NMI)评估聚类解决方案的质量。NMI 是一个外部聚类指标,可以有效地衡量代表聚类分配的随机变量和用户标记的数据点的类别分配所共享的统计信息量,NMI 的估计方法如下:

$$\text{NMI} = \frac{\sum_{h,l} d_{hl} \log\left(\frac{D \cdot d_{hl}}{d_h c_l}\right)}{\sqrt{\left(\sum_h d_h \log\left(\frac{d_h}{D}\right)\right)\left(\sum_l c_l \log\left(\frac{c_l}{D}\right)\right)}} \tag{7-15}$$

其中,D 是文档的数量,d_h 是 h 类中的文档数量,c_l 是 l 群组中的文档数量,d_{hl} 是 h 类以及 l 群组中的文档数量。当聚类与用户标记的类别分配完全匹配时,NMI 值为 1,对于随机的文档划分,NMI 值接近于 0。

聚类纯度(Purity)等于聚类正确的样本数除以总的样本数。聚类后的结果并不能显示每个簇所对应的真实类别,因此取每种情况下的最大值。纯度的计算如下:

$$P = (\Omega, C) = \frac{1}{N} \sum_k \max |\omega_k \cap c_j| \tag{7-16}$$

其中,N 表示总的样本数;$\Omega = \{\omega_1, \omega_2, \cdots, \omega_K\}$ 表示一个个聚类后的簇,$C = \{c_1,$

$c_2, \cdots, c_j$ 表示正确的类别,ω_k 表示聚类后第 k 个簇中的所有样本,c_j 表示第 j 个类别中真实的样本。P 的取值范围为 $[0,1]$,值越大表示聚类效果越好。

7.4.2 对比算法

在对主题模型的性能进行评估时,选取 LDA、BTM、SATM 和 PTM 这 4 个模型作为本章提出的主题发现方法 WNTM 的对比方法。表 7-3 所示为 WNTM 和对比方法在共享出行评价模拟数据集上的结果。

(1) LDA:LDA[1]将文档集中每篇文档的主题以概率分布的形式给出,在分析一些文档并抽取出它们的主题分布后,根据主题分布进行主题聚类或文本分类。

(2) BTM:BTM[9]语料库 D 用于生成 biterm,文档中的任何两个单词都可被视为 biterm。假设语料库包含 n_B 个 biterm,$B = \{b_i\}_{i=1}^{n_B} = 1$,其中 $b_i = (w_{i,1}, w_{i,2})$。BTM 通过 biterm$B$ 推断主题。

(3) SATM:SATM 是显著性感知神经主题模型[25],假设每个短文本都从未观察到的长伪文档中采样,使用标准主题建模从伪文档中推断出潜在的主题。

(4) PTM:PTM 是基于伪文档的主题建模[26],假设每个短文本都从一个长伪文档中采样,从长伪文档 P 中推断潜在的主题,使用一个多项式分布 φ 来模拟短文本在伪文档上的分布。

表 7-3　WNTM 和对比方法在共享出行评价模拟数据集上的结果

模型		评价模拟数据集结果
LDA	Purity	0.941
	NMI	0.701
BTM	Purity	0.979
	NMI	0.868
PTM	Purity	0.858
	NMI	0.725
SATM	Purity	0.976
	NMI	0.856
WNTM	Purity	0.981
	NMI	0.860

7.4.3 模型比较结果

采用主题模型中常用的数据集进行实验,实验结果如表 7-4 所示。

表 7-4 WNTM 和对比方法在主题模型中数据集上的对比

Model		Biome	Google News	Pascal Flickr	Search Snippets	Stack Overflow	Tweet	Mean Value
LDA	Purity	0.456	0.793	0.376	0.740	0.562	0.821	0.625
	NMI	0.356	0.825	0.321	0.517	0.425	0.805	0.542
BTM	Purity	0.458	0.849	0.392	0.765	0.537	0.814	0.636
	NMI	0.380	0.875	0.368	0.566	0.456	0.808	0.575
SATM	Purity	0.384	0.654	0.237	0.459	0.505	0.392	0.438
	NMI	0.270	0.760	0.186	0.205	0.366	0.507	0.382
PTM	Purity	0.425	0.807	0.359	0.674	0.481	0.839	0.597
	NMI	0.353	0.866	0.336	0.457	0.442	0.846	0.550
WNTM	Purity	0.472	0.837	0.324	0.712	**0.750**	0.856	**0.650**
	NMI	0.369	**0.876**	0.295	0.464	**0.659**	**0.850**	0.580

WNTM 在多个数据集中均达到了较好的效果,使用 WNTM 进行针对共享出行订单评价的主题分类可达到较好的效果。通过主题模型可以对每个词语的主题进行分类,对每条评价的主题进行标记。通过选择每个主题中数量最多的两个词作为该主题的命名,将词共现网络进行可视化,可以概括出不同主题包含哪些方面的词语。在模拟数据集中使用非指定数量的主题模型得到 7 个主题(其中服务态度和安全性两个主题有较多的重叠词汇,最终被合为一个主题)。使用每个类别中包含数量最多的词作为该主题的命名,7 个主题的命名分别为"环境、车内""准时、按时""道路、规划、路径""座椅、舒适""价格、收费、昂贵、费钱""平稳、稳稳当当""服务态度、安全性、司机、危险"。对日期进行选择,对相应时间的数据进行展示。采用了 Django 中的 forms 组件,在输入时间时可以自动产生下拉框,通过点击可以选择时间。采用了全局 Hook 的方式对输入的时间进行验证。选择时间之后可以展示选定时间范围内不同主题评价的占比。在模拟评价数据集中,找出评价属于各个主题的比例。选择时间之后可以展示选定时间范围内不同主题的热度趋势。在订单评价的主题热度经后台计算后,利用 Pandas 将数据按照要求在后台

进行处理,并通过 AJAX 传到前端。

本 章 小 结

本章对共享出行订单评价的特征词进行提取,使用这些特征词构建了特征词共现网络。之后,对共现词网络进行分析,确定订单评价的主题,根据在某一时空范围内某一主题的订单评价内容对舆情影响的级别进行量化,即对每个主题的热度进行评价。由于热度并不能展现用户对不同主题评价的情感极性,因此本章建立指标对订单评价的主题情感进行量化,设置热度值和情感极性值的阈值并进行监控与预警。最后,使用 JavaScript 中的 Echart 插件对主题关系、主题标题和主题热度、趋势等相关指标进行可视化,使用 Python+Django 的框架进行展示。

本章参考文献

[1] BLEI D M, NG A Y, JORDAN M I. Latent Dirichlet Allocation [J]. Journal of Machine Learning Research, 2003, 3: 993-1022.

[2] JORDAN B, HU Y N, MIMNO D. Applications of Topic Models [M]. Now Foundations and Trends, 2017.

[3] WANG X R, MCCALLUM A. Topics over Time: A Non-Markov Continuous-Time Model of Topical Trends [C]// Proceedings of the 12th ACM SIGKDD International Conference on Knowledge Discovery and Data Mining. New York, NY, USA: Association for Computing Machinery, 2006: 424-433.

[4] WANG X H, ZHAI C X, HU X, et al. Mining Correlated Bursty Topic Patterns from Coordinated Text Streams [C]// Proceedings of the 13th ACM SIGKDD International Conference on Knowledge Discovery and Data Mining. New York, NY, USA: Association for Computing Machinery, 2007: 784-793

[5] WENG J S, LIM E, JIANG J, et al. TwitterRank：Finding Topic-Sensitive Influential Twitterers ［C］// Proceedings of the Third International Conference on Web Search and Web Data Mining. New York，NY，USA：Association for Computing Machinery，2010：261-270.

[6] MA Z Y, SUN A X, YUAN Q，et al. Topic-Driven Reader Comments Summarization[C]// Proceedings of the 21st ACM International Conference on Information and Knowledge Management. New York，NY，USA：Association for Computing Machinery，2012：265-274.

[7] PHAN X, NGUYEN L, HORIGUCHI S. Learning to Classify Short and Sparse Text & Web with Hidden Topics from Large-Scale Data Collections ［C］// Proceedings of the 17th International Conference on World Wide Web. New York，NY，USA：Association for Computing Machinery，2008：91-100.

[8] CHEN Y, AMIRI H, LI Z J, et al. Emerging Topic Detection for Organizations from Microblogs[C]// Proceedings of the 36th International ACM SIGIR Conference on Research and Development in Information Retrieval. New York，NY，USA：Association for Computing Machinery，2013：43-52.

[9] YAN X H, GUO J F, LAN Y Y, et al. A Biterm Topic Model for Short Texts[C]// Proceedings of the International Conference on World Wide Web. New York，NY，USA：Association for Computing Machinery，2013：1445-1456.

[10] LIN T Y, TIAN W T, MEI Q Z, et al. The Dual-Sparse Topic Model：Mining Focused Topics and Focused Terms in Short Text ［C］// Proceedings of the 23rd International Conference on World Wide Web. New York，NY，USA：Association for Computing Machinery，2014：539-550.

[11] FENG J C, ZHANG Z S, DING C，et al. Context Reinforced Neural Topic Modeling over Short Texts[J]. Information Sciences，2020，607：79-91.

[12] ALLAHYARI M, KOCHUT K. Discovering Coherent Topics with Entity Topic Models[C]// 2016 IEEE/WIC/ACM International Conference on Web Intelligence. Omaha, NE, USA: IEEE, 2016: 26-33.

[13] YUAN Z, ZHAO J C, XU K. Word Network Topic Model: A Simple but General Solution for Short and Imbalanced Texts [J]. Knowledge & Information Systems, 2016, 48(2): 379-398.

[14] 梁昌明,李冬强.基于新浪热门平台的微博热度评价指标体系实证研究[J].情报学报,2015,34(12):1278-1283.

[15] 杜慧,徐学可,伍大勇,等.基于情感词向量的微博情感分类[J].中文信息学报,2017(3):170-176.

[16] 徐旖旎.基于微博的媒体奇观网络舆情热度趋势分析[J].情报科学,2017,35(2):92-97.

[17] 黄微,王洁晶,赵江元,等.微博舆情信息老化测度研究[J].情报资料工作,2017,38(6):6-11.

[18] GREGOR H. Parameter estimation for text analysis [J]. Technical Report, 2005: 1-32.

[19] YIN J H, WANG J Y. A Dirichlet Multinomial Mixture Model-based Approach for Short Text Clustering [C]// Proceedings of the 20th ACM SIGKDD International Conference on Knowledge Discovery and Data Mining. New York, NY, USA: Association for Computing Machinery, 2014: 233-242.

[20] QIANG J P, QIAN Z Y, LI Y, et al. Short Text Topic Modeling Techniques, Applications and Performance: A Survey [J]. IEEE Transactions on Knowledge and Data Engineering, 2020, 34 (3), 1427-1445.

[21] RASHTCHIAN C, YOUNG P, HODOSH M, et al. Collecting Image Annotations using Amazon's Mechanical Turk[C]// Proceedings of the NAACL HLT 2010 Workshop on Creating Speech and Language Data with Amazon's Mechanical Turk. Los Angeles, USA: Association for Computational Linguistics, 2010: 139-147.

[22] FINEGAN-DOLLAK C, COKE R, ZHANG R, et al. Effects of Creativity and Cluster Tightness on Short Text Clustering Performance [C]// Proceedings of the Proceedings of the 54th Annual Meeting of the Association for Computational Linguistics. Berlin, Germany: Association for Computational Linguistics, 2016: 654-665.

[23] QUAN X J, KIT C Y, GE Y, et al. Short and Sparse Text Topic Modeling via Self-Aggregation[C]// Proceedings of the 24th International Conference on Artificial Intelligence. Buenos Aires, Argentina: AAAI Press, 2015: 2270-2276.

[24] ZUO Y, WU J J, ZHANG H, et al. Topic Modeling of Short Texts: A Pseudo-Document View[C]// Proceedings of the 22nd ACM SIGKDD International Conference on Knowledge Discovery and Data Mining. New York, NY, USA: Association for Computing Machinery, 2016: 2105-2114.

[25] ZOU Y C, ZHAO L J, KANG Y Y, et al. Topic-Oriented Spoken Dialogue Summarization for Customer Service with Saliency-Aware Topic Modeling [C]// Proceedings of the AAAI Conference on Artificial Intelligence. Palo Alto, California, USA: AAAI Press, 2021, 35(16): 14665-14673.

[26] HE T, LIAN H, QIN Z M, et al. PTM: A Topic Model for the Inferring of the Penalty[J]. Journal of Computer Science and Technology, 2018, 33: 756-767.

第 8 章
共享出行评价的舆情影响范围评估与预警

8.1 引　言

　　随着新媒体时代的到来,企业相关舆情与社会舆情的互动日益增强。建立企业评价网络舆情影响范围评估和实时预警机制,对于及时发现、分析和解决网络舆情中出现的负面问题,确保企业稳定发展乃至社会稳定具有十分重要的意义。本章对评价内容中针对企业/服务的负面信息进行监控以及趋势预测,对用户发表的评价内容进行话题提取、话题热度预测以及情感倾向预测,并针对实时出现的评价内容进行提前预警,针对用户群体的网络社区构建用户关系图,通过识别敏感社区以达到预警目的。通过对评价内容的情感倾向评价,评估相关舆情对供需双方的影响,建立评价内容网络与共享出行网络的对应关系,构建共享出行评价内容的舆情影响分析模型,对服务评价进行监控与预警。

8.2 社 区 发 现

　　在 Twitter 和 Facebook 等社交网络中,具有共同兴趣或共同朋友的用户可能是同一个社区的成员,发现这样的群体的功能被称为社区检测,这类问题也称为图或网络聚类问题。网络/图的两个基本元素是节点和边,从连通性和密度的角度来看,社区被称为局部密集连接子图或节点集群。除了子图的内部内聚外,还应该考虑子图之间的分离[1]。图论制定了两个具体的规则来决定哪些节点和边可以形成一个社区,社区中的节点紧密相连,而不同社区的节点之间的联系是稀疏的。社区是包含更多内部连接而不是外部连接的子图,社区发现的目的和聚类一样,都是为了揭示网络中的隐藏信息。从图的角度来看社区发现,其目的是在网络中找到内部节点联系更紧密的结构,因此要求不同社区之间的联系是稀疏的。社区反映的是网络中个体行为的局部性特征以及个体之间的相互关联关系,研究网络中的社区对理解整个网络的结构和功能起到重要的作用,可以帮助分析及预测整个网络中各元素间的交互关系。传统的社区发现基于每一个节点都唯一归属于某个社区的假设,然而,在现实社会网络中,人们往往同时属于不同的社区,且这种同时属于多个社区的人是信息传递、社会交往中的关键。很多传统的社区发现算法基于全局的信息,如基于随机游走的算法中任意两点间的相似度、基于模块度的算法中的模块度等。

随着信息化程度的不断提高,社会网络规模越来越庞大,获得网络的全局信息变得十分困难。社会网络通常是稀疏的,绝大多数个体与外界的直接联系都是有限的,因此现实中的研究和应用只关心某些节点所在的局部结构。社交网络中的某个用户分享的项目种类多样化,包括图片、视频、日志等,这些交互的不同类型实体可以被建模为节点的不同属性,或者被建模为多模式网络。网络的多维性是指网络中的节点之间的边具有多种类型,由这些节点及不同类型的边组成的不同维度的网络就称为多维度网络。网络的每一个维度表示了节点间不同类型的联系,而边上附带的权值信息代表了节点间互动的程度与连接的强度。因此,在多模式、多维度网络中需要解决不同模式及维度下的信息融合、共享以及社区发现等相关的问题。然而,传统的图挖掘、网络分析方法没有将网络中每个节点的角色进行过多区分,认为节点的地位是等同的;此外,传统的社区研究一般针对静态的网络展开,不能很好地反映诸如信息扩散、同步等动态过程。研究网络动态性在于揭示网络拓扑结构对发生的动态过程的影响,以及这些动态过程能否反映其承载网络的拓扑结构特征。

在传统的机器学习中,社区检测通常被认为是一个图上的聚类问题,高度依赖数据的特性。谱分类法使用特征向量将节点划分为社区,而传统的社区检测方法基于统计推理和传统的机器学习。例如,群体检测和描述使用的方法之一是随机块模型,随机块模型根据节点的度对节点进行分组,这种分组反映了节点度的各个方面,而不是网络中的总体统计模式。社区发现算法可以自动对词共现网络进行划分,从而得到不同主题的词语分布。由于社交网络数据量庞大,哈希编码被广泛应用于社交网络搜索,由于海明距离计算的方便性,因此使用哈希编码的社交网络搜索在搜索样本距离计算时有着巨大的速度优势。对于每个原始空间下的数据点,映射到每位只有两种取值情况的哈希空间下,能够尽量少地损失原始空间下的语义信息。如果原始空间下的两数据点之间存在语义上的关联,那么映射到哈希空间后两数据点对应的哈希编码之间的海明距离就较小;若两数据点之间不存在语义关联或语义关联度较小,则映射到哈希空间下后两数据点的海明距离较大。将社交网络数据进行哈希编码可以节约存储空间。

通过保持原始空间数据点相似关系的方式,将哈希编码分为成对哈希编码、非成对哈希编码、隐含哈希编码和哈希量化编码。成对哈希编码是指对哈希函数进行优化求解时,输入的数据点是两两输入的,有着一一对应的关系,通常这种哈希编码方式得到的哈希函数比较简单,近似求解时不能给予哈希函数足够的约束,因此需要对其添加额外的约束条件。非成对哈希编码的输入数据并非同属一类,这类哈希编码的哈希函数的优化求解过程中有一个关联位,用于指代输入数据点间是否存在关联关系。隐含哈希编码将原始数据映射到哈希空间里的过程可以看作一个分类问题。如图 8-1 所示,哈希量化编码将原始向量空间划分为多个子空间,对于每个子空间通过聚类算法将原始空间向量分为若干类,使用每类中向量对应的聚类中心对每个子空间向量进行近似,子空间的划分数量和聚类方法的选择影响哈希量化编码的效果。

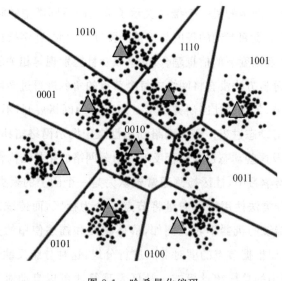

图 8-1 哈希量化编码

8.3 网络舆情影响范围评估与预警

8.3.1 评估舆情影响范围

对用户的舆情影响力的分析与测量是在线社交媒体和在线社区相关领域研究中的重要研究方向。关于用户影响力和影响范围评估的相关研究主要采用特征值统计分析方法、PageRank 算法以及社会网络分析方法等。考虑到共享出行平台没有与微博等平台类似的点赞、转发等功能，选用基于社区挖掘的方法来评估舆情的影响范围。特征值统计分析方法通过统计能够反映在线打车平台以及微博等一些在线社区的用户活跃特征的相关特征值，并进行一定的指标和权重的设定，从而计算用户的影响力和影响范围。在分析用户影响力时，主要统计影响力和活跃度两项指标，其中影响力指标包括粉丝数、被转发数、被评论数、是否认证四个特征值，活跃度指标包括微博数和关注人数两个特征值，利用博客的引用数量、回复数量、网页内外链接数等特征值进行用户影响力的建模。

通过获取和分析在线社区中用户的留存时间、发帖量、粉丝数等反映个人和交互维度的特征值，对活跃用户进行识别，并对其在社区中的影响力与影响范围进行分析。由于社交网络中用户间的点赞、转发和评论等互动关系与网页之间的链接指向非常类似，因此网页间链接结构的分析方法可以用于社交网络用户之间转发、评论等互动关系的分析。PageRank 算法被应用于在线社区用户影响力和影响范围的分析和测量。在 PageRank 算法的基础上融入用户行为中转发率、评论率、微博数量、时间间隔等指标，对微博社区中的信息传播核心贡献者和高影响力用户进行分析，将用户提供的信息新颖性与 PageRank 算法相结合，从而对用户的影响力和影响范围进行分析。考虑用户之间的互动程度以及用户共享意愿，计算用户影响力与影响范围。

在社会网络分析的研究过程中，对网络中的节点簇进行聚类的分析，又被称为"图聚类"[2,3]，即社区挖掘。网络社区中的成员往往都对某一特定话题或者某些特定事物有着相似的看法和认知[4-6]。当针对某一特定话题的评论产生时，由于网络社区内部成员之间的共性，因此整个社区针对这些评论会表现出一定程度的一致性。社区成员在针对这些话题所达成的共识就有一定的规律可循[7-9]，有助于发现社交网络中的用户群体的行为规律。对社交网络社区结构的研究在许多应用场景下已经取得了重要的研究进展，并且得到了很多实际应用。大部分网络是由许多不同类型的节点组合而成的，相同类型的节点彼此之间连接相对紧密，而不同类型的节点之间的连接则比较稀疏，这些连接相对密切的节点集合以及将它们连接起来的边所构成的子图就是网络中的社区结构。

随着对复杂网络社区结构挖掘算法的研究不断深入推进[10-13]，各种社区挖掘算法被不断提出和改进。经典的社区挖掘算法主要包括基于图分割的方法、分层聚类方法、基于模块度的方法以及基于谱聚类的方法等[1,14,15]。传统的基于图分割的方法是通过不断删除连接不同社区的边，直至网络中不存在割边，从而完成社区挖掘。分层聚类方法的主要思想是识别具有较高相似性的顶点集合，可以按照识别过程的不同分为凝聚算法和分裂算法两种。凝聚算法的思想是通过不断迭代来融合相似度高的节点，分裂算法则是在社区挖掘的过程中发现不同社区之间的边并将其删除，直至所有不同的社区结构之间没有连接。

Newman 和 Girvan 提出的 GN 算法[8,16]通过不断删除网络中 Edge Betweenness Centrality（EBC）最大的边来迭代地划分出社区的结构。基于 GN 算法的思想，Newman 提出了一种改进的 GN 算法，又称 Fast Newman 算法[17]，通过不断优化模块度，自底向上地迭代凝聚节点，最终达到社区挖掘的目的。基于模块度的方法的优劣主要取决于计算模块度的质量测度函数的设计思想和优化策略，因此没有一个统一的标准。基于谱聚类的方法[18-19]的基本思想是对社交网络的拉普拉斯算子的特征向量进行分析，如果拉普拉斯矩阵中不为零的特征值对应的特征向量近似相等，则认为其对应的节点应当处在同一社区中。Fast Unfolding 算法是由 Blondel 等提出的基于模块化的社区挖掘算法[15]，将已经发现的社区整体作为一个新的节点进行迭代分析，从而形成具有分层结构的社区结构，由于其不需要预先设置初始社区数目，因而对未知的网络有着很好的效果。Wang 等人对 Fast Unfolding 算法做出了优化，提出了一种较低时间复杂度的社区挖掘算法[20]。Jiang 等人[21]利用 Jaccard 距离公式度量了社会网络中节点之间的相似度，运用 k-means、层次聚类等多种聚类方法对复杂网络进行了社区挖掘。传统的社区发现算法大多是从空间距离的角度度量节点相似度的，只考虑了网络的结构，而忽视了节点间的属性,这使得结果缺乏语义性。本章方法以文本的相似性和情感倾向为节点属性相似度的度量,在一定程度上缓解了属性数据稀疏的问题,为社区划分结果赋予了一定的语义性和可解释性,提高了社区划分的效果。

8.3.2　用户和群体跟踪

在社交网络中,用户和群体以及相关的社区是影响公众舆情的关键因素。通过对用户和群体的挖掘可以实现对舆情的监督。在社交网络中识别出社区以及社区中的用户和群体,在局部概念的基础上识别出社交网络中具有全域影响力的用户和群体,可以在不增加推理的情况下更新影响力,可以在网络节点距离增加或者节点数量改变的情况下自动生成新的社区,产生新的用户和群体,而不增加计算复杂度。将社交网络中的用户和群体分为意见领袖和舆论追随者,基于有界置信原则建立意见领袖及其追随者的舆论动态模型,以模拟用户和群体、意见领袖群体的意见演变,以及出现不同目标意见时追随者的信任度。分析在网络舆论发展过程中,用户和群体以及意见领袖对跟随者做出决策、形成意见的影响,为高层用户提供理论依据,制订相应的舆论引导和管控措施。通过对用户和群体进行跟踪,可以实时掌控网络话题的发展、演化动态。高层用户可以选择与用户和群体进行合作,使之成为产品、服务或者政策的宣传者、推动者。

8.3.3　舆情突发话题的检测与发现

针对舆情突发话题或者新生话题的检测主要包含 3 种不同的途径:基于增量学习的方法、基于特征计算的方法以及基于结构关系(主要是拓扑结构)的方法。对已有的文档主题模型进行扩展,使其适应动态变化的社交数据。传统的主题模型大都针对一个静态的集合进行训练,实现聚类、分类,不能直接用于在动态变化的数据流中检测新生话题或舆情突发话题。BBTM(Bursty Biterm Topic Model)是在词对主题模型 BTM(Biterm Topic Model)的基础上扩展得到的,在特定的时间间隔对数据流进行划分,例如,将一天视为一个时隙,计算词对的变化作为先验知识,对当前时隙内的数据集进行建模,从中发现与词对相关的潜在突发主题。BBTM 在 BTM 的基础上解决了社交数据的文本稀疏性问题,并在时隙的范围内实现了舆情突发话题的检测,以天为时间单位发现舆情突发话题。舆情突发事件监测 BEE+(Bursty Event Detection)是在主题模型基础上动态扩展得到的检测方法,以增量学习的方式处理社交数据流,并跟踪数据流中所有的主题在时间上的演化过程,在跟踪主题演化的过程中实现舆情突发主题的识别。

基于主题模型动态扩展的方法将以往的信息作为先验知识对当前时间段产生的数据进行建模,并由此发现舆情突发主题。除了这些建立在主题模型基础上的方法外,基于聚类的增量扩展以及基于图模型的增量扩展也可用于发现新生/突发的主题。例如,Zhao 等人[22]采用动态聚类的方法实现跨媒体数据流中突发事件的异常检测;Nguyen 等人[23]采用增量扩展的图模型方法实现数据流中的子事件分类,并关注于摘要的生成过程。当训练得到的一个主题被标记为突发时,与这个主题相关的数据量必须达到一定的规模或者在训练集中占据相当的比例。基于特征计算的方法是一种启发式方法,通过计算社交数据流中的某些特征来实现舆情突发的识别,比如关键词的新颖度或者加速度,通过对数据流的实时检测,发现潜在的突发因子(通常是关键词或者关键词对),进而查找出与突发因子相关联的舆情突发主题,在潜在突发因子扩散到整个网络之前,即在潜在热门话题的萌芽阶段检测到异常现象,将一个话题在网络上的讨论视为一个动态的发展过程,并将这个过程拟合成一个演化曲线。新兴话题跟踪(Emerging Topic Tracking,ETT)模型通过计算主题的新颖性与衰减性评估一个话题的演化周期;通过对比关键词的预测值与观测值之间的误差评价它的新颖性,避免将增长期的话题误认为是新出现的舆情突发话题;通过局部加权线性回归估算关键词的预测值。

考虑到社交网络特有的结构特征以及用户特征,一些研究通过关注数据的传播模式或者用户的属性特征、行为特征来发现潜在的突发话题,结合病毒传播模型发现可能覆盖整个网络的在线话题[24],结合关键词特征与用户的社会关系的信息传播模型检测新出现的舆情突发事件,通过分析用户属性以及用户对预测事件的兴趣和影响力预测突发事件未来的热度。Dang 等人[25]提出利用动态贝叶斯网络模型,根据特征词扩散的拓扑特征,在给定的时间段内检测每个关键节点来识别突发项,并通过聚类发现与突发项相关联的主题作为潜在突发主题返回用户。Peng 等人[26]通过一个 High Utility Itemset Mining(HUIM)项集挖掘算法对术语的新颖度进行编码,检测出新出现的术语集模式,该模式是一个主题的可解释性表示。

8.3.4　网络舆情预警

网络舆情预警相关的技术包括舆情信息收集技术、话题检测与跟踪技术以及文本倾向性分析等。

网络爬虫(Web Crawler)技术是舆情信息收集的关键手段。网络爬虫又称为网络蜘蛛（Web Spider），支持语义定向抓取相关网页资源，能提高舆情数据收集的质量和效率。利用爬虫技术可以根据既定的目标有针对性地选择网页与相关链接，抓取所需要的舆情数据。

网络中不断有新的话题和主题出现，因此发现新的舆情事件是舆情监测的重要内容。话题检测与跟踪(Topic Detection and Tracking, TDT)技术就是在海量网络数据中运用数据挖掘技术发现新的话题，并持续追踪话题发展动态的信息智能获取技术。话题检测与跟踪技术是网络舆情监测过程中自动发现新舆情的支撑技术，包括新闻报道切分、已知话题跟踪、未知话题检测、新事件检测和报道间相关性检测等。智能舆情监测系统根据话题的先验知识，应用 TDT 技术实现自动话题的发现与追踪。

文本倾向性分析是对文本情感的分析和判断。网络舆情本体是舆情监测的重点，传统的舆情本体监测主要依靠人工的方式对网络中网民的情绪、意见和态度进行分析和归类，而 Web 文本倾向性分析是对网络文本内容中蕴含的主观性情感进行归纳、分析和推理判断的过程，能自动评价文本的积极或消极，正性、负性或中性。目前，大多数的文本情感分析都是自然语言处理技术的延续，通过信息抽取、文本分类和语料库相结合来判断文本情感倾向。

8.4　共享出行评价内容舆情分析

为了准确判断共享出行评价内容的舆情导向，本章通过对评价内容的情感倾向进行评价来评估相关舆情导向。在评价内容情感倾向与共享出行在时空属性上的关联分析的基础上，构建共享出行评价内容的舆情影响分析模型，对实时出现的服务评价进行预警。对数据进行预处理，利用用户的共享出行评价内容对评价文本的内容相似度和情感倾向进行标记,判断共享出行评价内容引起的舆情影响程度和影响范围。对具有相似影响力的评价进行关联分析,形成在时空属性影响下的影响范围评估。基于影响范围和对群体情感的预测构建动态预测模型,对实时出现的服务评价进行预警,形成在相似时间段和相同空间区域内的预判。本章提出的模型框架如图 8-2 所示。

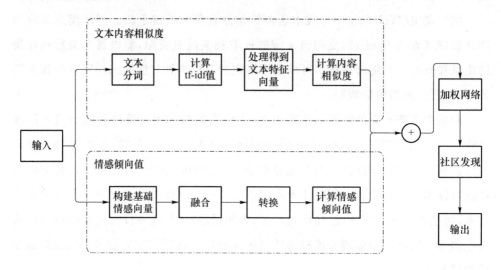

图 8-2　本章提出的模型框架

8.4.1　基于用户评价文本的社区发现

对共享出行评价内容中针对企业/服务的负面信息进行实时监控以及趋势预测,并针对实时出现的评价内容进行提前预警。网络社会是由大量不同特质的网络社区构成的,同一社区中的成员往往对某些事物的看法具有相似性,因此社区对企业负面消息的反应会呈现出一定程度的一致性,对于消息的传播影响力也有一定的规律可循。结合时空属性定义网络社区的概念,在相似时间段和相同空间区域的前提下,若目标用户在一定时间段内发表的评价内容的相关性(话题相似度)高于某个实验过程中的设定值,则该用户属于目标网络社区的一员。社区网络结构主要有两个衡量指标:社区成员之间的关系密度与关系强度。社区成员之间的关系强度指的是社区成员的评价数量的均值,通过该指标可以了解社区成员对该社区的参与程度;将网络社区看作一张无向图,社区成员之间的关系密度表示图中社区成员的平均连接数,通过该指标可以刻画企业负面新闻在该社区的传播通畅程度。社区情感倾向指的是对于企业的负面信息,不同的网络社区由于网络结构不同、社区成员情感倾向不同,在对负面消息的反应上整体表现出不同的特质,因此,社区情感倾向在心理学测量视角(Profile of Mood States,POMS)的基础上对社区成员的情感倾向进行统计和聚类分析,对社区总体情感进行量化描述。网络社区成员的情感倾向直接影响该成员对企业和服务评价的态度,通过该地区的订单量的变化、评分等方式影响社区中的其他成员,并最终影响整个社区的情感。一些极端的社区情感倾向可能会导致负面评价在社区中加速传播。网络社区的关系密度和关系强度会对舆情的影响起到放大作用。上述因素之间的联系如图 8-3 所示。

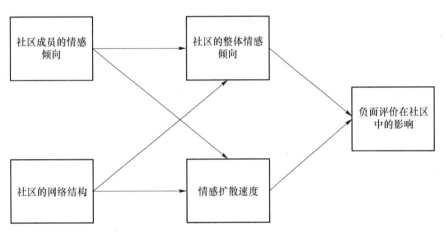

图 8-3　社区内部因素与负面评价在社区中的影响的关系

根据 POMS 度量社区成员的情感倾向,以评价主题为单位划分时间窗口,对数据使用文本挖掘的算法分析每个时间窗口内社区成员 6 种情感(紧张、愤怒、失望、疲劳、活力、迷茫)的分布;在情感分布和网络结构上进行聚类,识别出不同类别情感倾向的网络社区并预测社区的情感扩散趋势,从而在负面评价出现后发现一些敏感社区。在敏感社区中,社区成员对负面评价有更大的反应,更可能激起整个社区的激烈情绪,因此发现敏感社区能够起到对舆情的预警作用。将评价内容按照评价主题时间窗口进行分类,主题事件集定义为 $E=\{e_1,e_2,\cdots,e_m\}$,以事件集中的所有主题为类标签对文本数据进行分类;将识别到的网络社区集合定义为 $G=\{g_1,g_2,\cdots,g_n\}$,定义社区成员 g_j 对主题 e_i 的所有相关评价数量为 P_{ij},社区 g_j 之间所有成员间的总连接数为 r_j,社区成员总数为 c_j。关系强度定义为社区成员对某个主题的平均评价数：

$$RS_j = \frac{\sum_{i=1}^{m} P_{ij}}{c_j} \tag{8-1}$$

关系密度定义为社区成员之间的平均连接数：

$$RD_j = \frac{r_j}{c_j} \tag{8-2}$$

对社区成员的言论进行情感分析。因为标签不止一个，所以使用分类算法中的 multi-label 算法给每个用户对特定主题的情感添加类标签。经过统计得到关于主题 e_i 的情感分布矩阵，其中的参数分别表示某一社区带有紧张、愤怒等 6 种情绪的评价内容的比例。对每个时间窗口 e_i 基于社区关系强度、关系密度、情感分布矩阵等维度使用 k-means 算法进行聚类，基于上述内容可以得到一个用于聚类的特征向量。使用上述特征向量用 k-means 算法进行聚类，识别不同社区的情感倾向类别。利用得到的情感倾向分类训练社区情感倾向预测模型，通过社区结构和社区历史舆情，预测社区情感扩散趋势，预测识别敏感社区，从而达到预警效果。该算法模型能够对用户的共享出行评价文本内容进行社区发现，其流程图如图 8-4 所示。

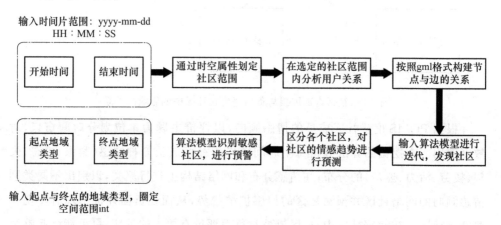

图 8-4　算法流程图

8.4.2　社区发现模型

对用户节点的评价信息文本内容进行分词处理，计算词条的 tf-idf 值。其中，

tf 值表示某个词在文本中出现的频率,即词频,计算过程如式(8-3)所示,其中分子 $n_{i,j}$ 表示一个词在文本 d_j 中出现的频数,分母表示整个文本的总词数。tf 值用于表示某个词在整个文本内容中的重要程度。

$$\mathrm{tf}_{i,j} = \frac{n_{i,j}}{\sum_k n_{k,j}} \tag{8-3}$$

idf 表示逆向文档频率,计算过程如式(8-4)所示。其中,分子 $|D|$ 表示语料库中的文档总数,分母 $\{j:t_i \in d_j\}$ 表示包含词 t_i 的文档的个数,对商值取对数即得idf 值。

$$\mathrm{idf}_{i,j} = \log \frac{|D|}{\{j:t_i \in d_j\}} \tag{8-4}$$

将得到的 tf 值与 idf 值相乘,如式(8-5)所示,即得到词条的 tf-idf 值:

$$\mathrm{tf\text{-}idf}_{i,j} = \mathrm{tf}_{i,j} \times \mathrm{idf}_{i,j} \tag{8-5}$$

得到词条的 tf-idf 值之后,对用户文本信息进行处理,得到任意两个网络用户节点 V1 与 V2 的信息文本特征向量。计算两个特征向量之间的余弦相似度作为两个用户节点之间的相似度度量 s。具体计算过程如式(8-6)和式(8-7)所示,其中,tf-idf$_{\mathrm{V1}}$ 表示用户节点 V1 的文本特征向量,tf-idf$_{\mathrm{V2}}$ 表示用户节点 V2 的文本特征向量。

$$s(V1,V2) = \cos(\mathrm{tf\text{-}idf}_{\mathrm{V1}}, \mathrm{tf\text{-}idf}_{\mathrm{V2}}) \tag{8-6}$$

$$\cos\theta = \frac{\sum_{i=1}^{n}(V1_i \times V2_i)}{\sqrt{\sum_{i=1}^{n} V1_i^2} \times \sqrt{\sum_{i=1}^{n} V2_i^2}} \tag{8-7}$$

网络中的每个用户节点都有相应的文本信息内容,文本信息中包含了用户对话题的观点、情感和态度等信息。对用户的文本内容进行情感分析有助于填充用户节点属性的语义性,得到更好的社区挖掘结果。对用户的文本内容进行情感分析,对其进行情感打分,并依据打分值的范围对情感值赋予相应的权重。微博具有用户发帖评论机制,即一个用户针对某一话题发表博文后,其他的用户可以在该博文下进行评论。从情感的角度分析,发帖人在帖子中表达了自己的情绪,这在某种程度上会影响到该博文的评论用户的情绪表达;从用户关系的角度考虑,这两名用户除了存在因相互评论而产生的联系以外,还具有情感上的关联,称这种情感上的关联为情感偏向值。在极坐标系中,每个用户的情绪状态都用一个情感向量 e_i 表示,情感向量 e_i 由式（8-8）表示：

$$e_i = (\rho_i, \omega_i) \qquad (8\text{-}8)$$

其中，ρ_i 和 ω_i 分别表示情感强度与赋予相应情感强度的权重。由于每条文本信息都有不同程度的情感倾向，因此引入极径 $\rho_i \in [0,1]$ 来描述情感的强度，即情感打分值。两个情感向量经过变换、相加可以产生复合的情感向量。基础情感向量及其复合过程如图 8-5 所示。

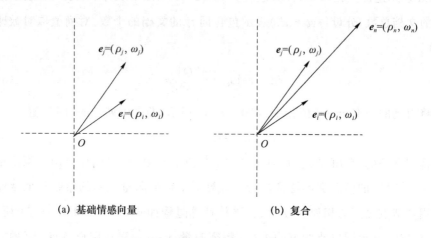

(a) 基础情感向量   (b) 复合

图 8-5　基础情感向量及其复合过程

复合的情感向量经过进一步变换和计算得到最终的情感偏向值。情感偏向值的计算方法如式（8-9）所示，其中，sv 表示情感偏向值，ρ_n 表示复合情感向量 e_n 的情感强度，ω_n 表示其对应的权重。

$$sv = \rho_n \times \omega_n \qquad (8\text{-}9)$$

将网络用户映射到图中，假设 $V = \{V_1, V_2, \cdots, V_i, \cdots, V_n\}$ 是网络用户节点集合，其中 (V_i, V_j) 表示两个节点之间的边，即用户 V_i 与 V_j 之间的关系，如两个网络用户之间的发帖回复关系。$G(V, E)$ 则是以 V 为用户节点集合、以 $E \in \{(V_i, V_j) \mid V_i, V_j \in V\}$ 为边集合的无向图。W_{ij} 为边 (V_i, V_j) 的权值，它由用户 V_i 与用户 V_j 之间的文本内容相似度值 s 和情感偏向值 sv 组成，如式（8-10）所示。

$$W_{ij} = s \times 0.5 + sv \times 0.5 \qquad (8\text{-}10)$$

其中，$WG(V, E, W)$ 是以 V 为用户节点集合、以 $E \in \{(V_i, V_j) \mid V_i, V_j \in V\}$ 为边集合、以 $W = \{W_{ij} : (V_i, V_j) \in E\}$ 为权值集合的无向加权图。利用算法对图进行社区划分，得到社交网络用户社区划分的结果。

8.5 实验结果与分析

基于微博社交网络、共享出行的评价内容进行更深层次的社交网络社区挖掘，帮助了解用户的信息需求，研究不同偏好的用户群体的特征和规律，分析评价内容对共享出行相关的舆情的影响。以微博平台为数据采集平台，爬取了微博上共享出行相关词条下部分讨论博文的链接，并对数据进行相应处理。如果一个用户发表了一条博文且该博文下有其他用户回复的评论，则在该评论用户与发文用户之间建立一条边，即建立了无向加权网络。对数据集中的各维度数据进行处理，得到需要的数据格式，对文本数据计算了文本内容的相似度。基于文本内容的粗粒度情感打分值，将不同用户联系起来组成一个无向网络，网络中的节点表示用户，用户之间的关系通过节点之间的边表示（选定一个情感得分的阈值，根据该阈值来确定用户节点之间是否存在关联的边）。对微博平台爬取的数据集进行相应的处理，从博文数据中获得实际用户数量，建立无向图。得到的文本内容相似度矩阵如表 8-1 所示。

表 8-1　文本内容相似度矩阵

节点	1	2	3	⋯	85
1	0	0.24	0.53	⋯	0.05
2	0.24	0	0.62	⋯	0.12
3	0.53	0.62	0	⋯	0.33
⋯	⋯	⋯	⋯	⋯	⋯
85	0.05	0.12	0.33	⋯	0

计算用户文本信息的情感偏向值，得到如表 8-2 所示的情感偏向值矩阵。

表 8-2　情感偏向值矩阵

节点	1	2	3	⋯	85
1	0	0.37	0.6	⋯	0.22
2	0.37	0	0.81	⋯	0.25
3	0.6	0.81	0	⋯	0.59
⋯	⋯	⋯	⋯	⋯	⋯
85	0.22	0.25	0.59	⋯	0

建立加权网络,其权重矩阵如表 8-3 所示。

表 8-3　加权网络权重矩阵

节点	1	2	3	...	85
1	0	0.305	0.565	...	0.135
2	0.305	0	0.715	...	0.185
3	0.565	0.715	0	...	0.46
...	...	...	...	...	...
85	0.135	0.185	0.46	...	0

将带有权重的边添加到无向网络中,并在此无向加权网络的基础上进行进一步的社区划分。通过判断相邻节点之间连接的紧密程度选择合适的中心节点作为集群中心,通过检查与中心节点相邻的节点的相关性判断是否将该节点添加到集群中。

8.5.1　对比实验

采用模块度值评判社区划分的结果,它是一个在[0,1]之间的数值,模块度值越大,说明社区划分的结果中社区的内部连接越紧密,连通性越好。模块度值的计算如式（8-11）所示。

$$Q = \sum_{n=1}^{m} \left[\frac{L_n}{L} - \left(\frac{D_n}{2L} \right)^2 \right] \tag{8-11}$$

其中,Q 表示模块度值,L_n 表示社区内部的边,L 表示网络中所有边的数量,D_n 表示社区内部所有节点度的和。

利用从微博平台爬取的共享出行数据集,将初始中心节点数分别设置为 2,3,4,从而对无向加权网络进行社区划分。对于在共享出行数据集上进行的实验,分别计算它们的模块度值。社区划分的模块度值随着初始中心节点数的增加而上升,初始中心节点数为 4 的时候,社区划分的效果最好。在数据集上利用经典的社区划分算法进行了对比实验,整个算法分为模块度优化和网络凝聚两个阶段。在模块度优化阶段,每个节点先将自己作为社区标签,遍历自己的所有邻居节点,然后将自己的社区标签更新成邻居节点的社区标签,选择模块度增量最大（贪婪思想）的社区标签,直到所有节点都不能通过改变社区标签来增加模块度。在网络凝聚阶段,将每个社区合并为一个新的超级节点,令超级节点的边权重为原始社区内所有节点的边权重之和,形成一个新的网络。本章算法和 Louvain 算法在共享出行数据集上的对比实验结果如图 8-6 所示。

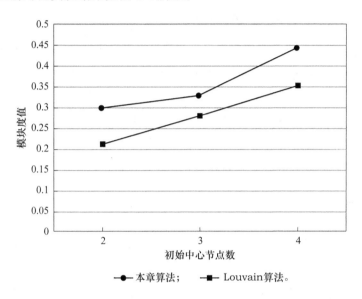

图 8-6　算法对比实验结果

从图 8-6 可知,本章算法在共享出行数据集上的实验效果优于经典的 Louvain 算法。在该数据集上进行社区发现时,本章算法划分出的社区内部连接较为紧密,社区内部的连通性也较好。利用文本内容涵盖信息量丰富的特点,进行网络结构与节点属性的社区挖掘,不但可以为社区划分的结果补充语义性,使其刻画的同一社区内的相似用户更便于理解和解释,还在一定程度上解决了只考虑单一情况可能造成的属性数据稀疏,使得社区内部的用户节点相似度更高、更稳定,提高了社区划分的质量。

8.5.2　舆情影响范围划分

在确定影响范围之前,需要对预处理好的数据做抽象化处理,构造所需要的无向加权网络,网络中的节点表示不同的出行评价用户,边则表示用户之间的关系。考虑到时空属性对舆情影响范围划分的影响,将时空属性作为用户输入,在用户输入时间片信息和空间信息后,将这两个信息处理成模型可接受的输入信息,然后根据时空信息划定社区的时空范围,并在选定的社区范围内分析所有用户之间的关系。基于此构建节点与边的关系,产生相应的内部输出,该输出包含无向加权网络的全部信息,在此基础上不断迭代进行社区发现,直至发现所有该时空属性下的用户社区。空间信息作为用户的输入信息,在数据集中也有相应的体现。将数据集中用户订单中的起点地域类型和终点地域类型作为空间属性,分别分配了 8 种不同的地域类型,将地域类型进行编码以供用户选择输入。地域类型表示该订单的起点(终点)周围(如半径为 100 m 的范围内)含有的各种服务类型的融合编码。因此,对地域类型划分时,采用 8 位编码,从低到高依次的字段为:餐饮服务(考虑大型的餐饮场所、饭店),购物服务(考虑大型的购物商场),医疗保健服务(医院),住宿服务(考虑大型的连锁酒店),风景名胜(旅游景点、博物馆),交通设施服务(机场、火车站),住宅,公司企业、政府、学校等。

对舆情的影响范围进行划分时,利用用户输入的时空信息划定了社区范围,分析了网络中用户之间的关系,并通过算法的迭代完成了用户社区的发现。结合已经发现的不同用户社区中的用户特点和时空范围,给出了用户对共享出行评价内容的舆情影响范围。为了便于查看所划定的时空范围下各个用户针对共享出行评价内容的观点,利用 Echarts 绘制了用户的情感时间序列图,其中横轴表示要检测的时间范围,纵轴表示在该时空信息下所划定的用户社区中所有用户发表的评价内容的情感打分值。通过情感时间序列图,可以直观地看出所有用户的情感走向。对划分的用户社区整体进行研究并预测其整体的情感倾向。由于划分在同一社区的用户之间具有一定的相似性和关联性,在划分社区的过程中,依据用户的评价文本相似度以及用户的评价文本的情感倾向,赋予其相应权重,从而构建出无向加权网络。在共享出行评价内容语义分析模块中,有结合时空信息对用户的情感倾向进行预测的功能,为了体现系统整体的整合度,本章选择了接口调用的方式调用该情感倾向预测接口来完成情感预测功能。针对预测模型的输入要求和预警部分的实际需求,对数据和模型做了进一步处理。

在得到社区整体的情感倾向预测情况后,本章基于社区情感倾向和得到的影响范围实现了实时预警功能。由于整个预测和预警都是以社区为单位进行的,因此判断标准也需要着眼于社区的概念。敏感社区是指在社区内部用户体现的情感和观点具有一定一致性的前提下,由于部分用户的消极态度和情感而偏向于产生一些不好的评价内容和较为强烈的消极影响的社区,因此预警的过程可以理解为发现敏感社区的过程。本章从社区整体情感倾向和社区影响范围出发,找出了一个在大量数据支撑下的预警阈值,并在用户选择预测时间后在后台和前端同步进行逻辑判断,最终绘制了社区情感走势预警图。当实时预警功能识别到敏感社区时会自动刷新前端页面,展示高亮预警提示信号。

8.5.3　系统实现

本章使用 Python 作为后端开发语言,Django 作为前端 Web 框架,并综合应用了 Echarts、AJAX、Javascript、JSON 等多种技术,实现了舆情分析模型下的影响范围评估与预警系统。该系统展示的是用户输入的时空属性,其中,针对开始时间和截止时间都给定了相应的输入提示和样例,针对起始地域类型和终点地域类型也给出了用户便于理解的地域类型选择。之后,将时空信息传入后端进行处理,通过 AJAX 动态刷新页面,展示模型的输出结果,即基于时空属性和评价内容的社区发现结果。系统展示影响范围的社区划分结果时,通过 Echarts 在前端读取后端模型生成的中间层文件绘制用户的社区关系图,其中,弧线表示用户之间的关联关系。用户的社区关系图既能动态显示出该用户节点的相应全部信息,也能显示相应社区的描述内容,即通过数值化来刻画评价内容的影响范围,对影响范围的评估进行了体现。系统还可显示需要输入的预测时间信息以及针对所有用户的情感时间序列图表,以显示用户的评价文本情感打分,其中对每一条数据都添加了文本标签作为详细说明。

系统将前端输入的预测时间作为参数传入后端,并调用情感预测接口,使用 AJAX 异步请求传参,动态刷新页面显示预测图表。对不同的社区,将社区内所有用户的相关信息与预测时间作为模型的输入,中间层的输出信息为相应的预测打分值,对这些打分值赋予相应的不同权重,即可对社区群体的情感进行打分预测。根据输入不同时空属性所识别到的社区类别数目不同,对显示的社区类别进行实时动态更新。在预测与预警的折线图中添加一条警戒线,警戒线的位置是根据大量测试预测情感值的输出选取的固定值;折线图上的每一点都有详细的信息展示,包括影响范围等信息;预警是基于情感预测值与影响范围两个因素的预警,折线图中标注的警戒线用于辅助判断情感值是否低于预警值,因此在预警部分添加了一个预警提示框。后台判断逻辑针对当前预测的所有社区类别,判断其社区情感预测值是否低于预警值、其影响范围是否超过设定阈值（该阈值也是通过统计分析得出的固定值）。若发生上述情况，则预警识别到敏感社区，否则显示正常，未识别到敏感社区。

本 章 小 结

本章基于时空属性与评价内容的社区发现，结合时空信息和数据中相应的用户评价内容，基于社区发现有效判断共享出行评价内容引起的舆情影响范围，实现了基于情感预测与影响范围的实时预警，得到了用户和社区整体的情感趋势预测；基于影响范围和群体情感预测结果对敏感社区进行发现，通过识别敏感社区来实现预警。

本章参考文献

[1] SHANG R H, BAI J, JIAO L C, et al. Community Detection Based on Modularity and an Improved Genetic Algorithm[J]. Physica A: Statistical Mechanics and its Applications, 2013, 392(5): 1215-1231.

[2] FORTUNATO S. Community Detection in Graphs[J]. Physics Reports, 2010, 486(3-5): 75-174.

[3] ZHOU Y, CHENG H, YU X J. Graph Clustering Based on Structural/Attribute Similarities[J]. Proceedings of the VLDB Endowment, 2009, 2(1): 718-729.

[4] SHI C, HAN X T, SONG L, et al. Deep Collaborative Filtering with Multi-Aspect Information in Heterogeneous Networks[J]. IEEE Transactions on Knowledge and Data Engineering, 2019, 33(4): 1413-1425.

[5] LI Q P, DU J P, SONG F Z, et al. Region-Based Multi-Focus Image Fusion Using the Local Spatial Frequency[C]// 2013 25th Chinese Control and Decision Conference (CCDC). Guiyang, China: IEEE, 2013: 3792-3796.

［6］ LI W L, JIA Y M, DU J P. Distributed Extended Kalman Filter with Nonlinear Consensus Estimate[J]. Journal of the Franklin Institute, 2017, 354(17): 7983-7995.

［7］ NEWMAN M E J. The Structure and Function of Complex Networks[J]. SIAM Review, 2003, 45(2): 167-256.

［8］ NEWMAN M E J, GIRVAN M. Finding and Evaluating Community Structure in Networks[J]. Physical Review E, 2004, 69(2): 026113.

［9］ WANG P, HUANG Y H, TANG F, et al. Overlapping Community Detection Based on Node Importance and Adjacency Information [J]. Security and Communication Networks, 2021, 2021:1-17.

［10］ LIN P, JIA Y M, DU J P, et al. Average Consensus for Networks of Continuous-Time Agents with Delayed Information and Jointly-Connected Topologies[C]// 2009 American Control Conference. St. Louis, Missouri, USA:IEEE, 2009: 3884-3889.

［11］ LI W L, JIA Y M, DU J P. Distributed Consensus Extended Kalman Filter: A Variance-Constrained Approach[J]. IET Control Theory & Applications, 2017, 11(3): 382-389.

［12］ MENG D Y, JIA Y M, DU J P. Consensus Seeking via Iterative Learning for Multi-Agent Systems with Switching Topologies and Communication Time-Delays[J]. International Journal of Robust and Nonlinear Control, 2016, 26(17): 3772-3790.

［13］ XU L, DU J P, LI Q P. Image Fusion Based on Nonsubsampled Contourlet Transform and Saliency-Motivated Pulse Coupled Neural Networks[J]. Mathematical Problems in Engineering, 2013, 1(1).

［14］ DANG T A, VIENNET E. Community Detection Based on Structural and Attribute Similarities[C]// The Sixth International Conference on Digital Society (ICDS). Valencia, Spain: IARIA Conference, 2012: 7-12.

［15］ BLONDEL V D, GUILLAUME J L, LAMBIOTTE R, et al. Fast Unfolding of Communities in Large Networks[J]. Journal of Statistical

Mechanics: Theory and Experiment, 2008, 2008(10): P10008.

[16] GIRVAN M, NEWMAN M E J. Community Structure in Social and Biological Networks [J]. Proceedings of the National Academy of Sciences, 2002, 99(12): 7821-7826.

[17] NEWMAN M E J. Fast Algorithm for Detecting Community Structure in Networks[J]. Physical Review E, 2004, 69(6): 066133.

[18] VERMA D, MEILA M. A Comparison of Spectral Clustering Algorithms [J/OL]. (2015-01-21)[2024-06-28]. https://sites.stat.washington.edu/spectral/papers/nips03-comparison.pdf.

[19] JIA H J, DING S F, XU X Z, et al. The Latest Research Progress on Spectral Clustering [J]. Neural Computing and Applications, 2014, 24(7): 1477-1486.

[20] Wang X F. A Fast Algorithm for Detecting Local Community Structure in Complex Networks[J]. Computer Simulation, 2007, 24(11): 82-85.

[21] JIANG Y W, JIA C Y, YU J. Community Detection in Complex NetworksBased on Vertex Similarities [J]. Computer Science, 2011, 38(7): 185.

[22] ZHAO S, GAO Y, DING G, et al. Real-Time Multimedia Social Event Detection in Microblog [J]. IEEE Transactions on Cybernetics. 2018, 48(11):1-14.

[23] NGUYEN T H, HOANG T A, NEJDL W. Efficient Summarizing of Evolving Events from Twitter Streams [C]//Proceedings of the 2019 SIAM International Conference on Data Mining. Calgary, Canada: Society for Industrial and Applied Mathematics, 2019: 226-234.

[24] ZHANG X, CHEN X, CHEN Y, et al. Event Detection and Popularity Prediction in Microblogging [J]. Neurocomputing. 2015. 149: 1469-1480.

[25] DANG Q, GAO F, ZHOU Y. Early Detection Method for Emerging Topics Based on Dynamic Bayesian Networks in Micro-Blogging Networks [J]. Expert Systems with Applications. 2016. 57: 285-295.

［26］ PENG M，OUYANG S，ZHU J，et al. Emerging Topic Detection from Microblog Streams Based on Emerging Pattern Mining ［C］//2018 IEEE 22nd International Conference on Computer Supported Cooperative Work in Design (CSCWD). Nanjing,China：IEEE，2018：259-264.